2019
中国水生动物卫生状况报告

AQUATIC ANIMAL HEALTH
IN CHINA

农业农村部渔业渔政管理局
Bureau of Fisheries, Ministry of Agriculture and Rural Affairs

全国水产技术推广总站
National Fisheries Technology Extension Center

中国水产学会
China Society of Fisheries

中国农业出版社
北京

编 写 说 明

一、自本期起，《中国水生动物卫生状况报告》以
   正式出版年份标序。其内容和数据起讫日期：
   2018年1月1日至2018年12月31日。

二、内容和全国统计数据中，均未包括香港特别
   行政区、澳门特别行政区、台湾省和西藏自
   治区。

三、读者对本报告若有建议和意见，请与全国水
   产技术推广总站联系。

2018年是全面贯彻落实党的十九大精神、实施乡村振兴战略的开局之年，是决胜全面建成小康社会的关键一年，也是实现"十三五"目标承上启下的一年。各级渔业主管部门带领全国水生动物疫病预防控制体系，围绕"提质增效、减量增收、绿色发展、富裕渔民"的中心目标，坚持问题导向，不断推进水生动物疫病防控工作，取得了新进展。水产苗种产地检疫试点范围扩大到江苏、天津等6省（直辖市），渔业官方兽医队伍逐步建立，检疫机制不断形成；纳入《国家水生动物疫病监测计划》的疫病种类进一步增加，国家水生动物疫病监测、预警和风险评估工作不断推进，水生动物突发疫情应急处置能力不断提高；《全国动植物保护能力提升工程建设规划(2017—2025年)》逐步落实，"上下贯通、横向协调、运转高效、保障有力"的水生动物疫病防控体系不断健全；产、学、研、推（疫控）、外检等跨部门、跨学科、跨领域的协作机制不断建立，疫病防控能力不断提升；全国水产养殖动植物病情测报、预报及"全国水生动物疾病远程辅助诊断服务网"推广应用工作持续开展，病害防治技术服务水平不断提高；国际交流合作不断深入，良好养殖大国形象进一步树立。为我国水产养殖业的稳步发展提供了有效保障，2018年我国水产品总产量6 457.7万吨。其中，养殖产量4 991.0万吨，占水产品总产量的77.3%。海水养殖产量2 031.2万吨，占水产养殖产量的40.7%；淡水养殖产量2 959.8万吨，占水产养殖产量的59.3%。均与2017年的占比持平。

　　2019年是中华人民共和国成立70周年，是全面打赢脱贫攻坚战极为关键的一年，也是经国务院同意农业农村部等10部委《关于加快推进水产养殖业绿色发展的若干意见》（农渔发[2019] 1号）发布之年，水生动物防疫工作面临新的形势和更高的要求，全国水生动物防疫体系要继续坚持"绿色兴渔、质量兴渔"的理念，尽快建立健全新形势下的工作机制，锐意进取、奋发有为，为确保我国水产养殖业绿色可持续发展做出更大的贡献！

农业农村部渔业渔政管理局局长　张显良

2019年9月

目　录

附录／71

第一章 水生动物疫病防控体系

2018年，我国渔业主管部门紧紧围绕水产养殖绿色发展这一主线，强化水生动物疫病防控的管理体制、机制和人才队伍建设，加快构建"上下贯通、横向协调、运转高效、保障有力"的水生动物疫病防控体系，为渔业生产安全、水产品质量安全和水生动物安全提供保障。

一、水生动物疫病防控机构和组织

伴随2018年国家新一轮机构改革，我国各地水生动物疫病防控相关机构也进行了一些调整，水生动物疫病防控体系也发生了一些变化。

（一）水生动物疫病防控行政管理机构 >>>>>

依照《中华人民共和国动物防疫法》，国务院兽医主管部门主管全国的动物疫病防控工作，县级以上地方人民政府兽医主管部门主管本行政区域内的动物疫病防控工作，县级以上人民政府其他部门在各自的职责范围内做好动物疫病防控工作。依照《中华人民共和国进出境动植物检疫法》，国务院设立动植物检疫机关统一管理全国进出境动植物检疫工作，国家动植物检疫机关在对外开放的口岸和进出境动植检疫业务集中的地点设立的口岸动植物检疫机关，依法实施进出境动植物检疫。

农业农村部调整内设机构，将原兽医局和畜牧业司合并，成立畜牧兽医局，负责组织实施国内动物防疫检疫，承担兽医国际事务、兽用生物制品安全管理和出入境动物检疫有关工作。

农业农村部内设渔业渔政管理局，承担水生动物防疫检疫相关工作，组织水生动植物病害防控，监督管理水产养殖用兽药及其他投入品的使用。

国家海关总署内设动植物检疫司，拟订出入境动植物及其产品检验检疫的工作制度，承担出入境动植物及其产品的检验检疫、监督管理工作，按分工组织实施风险分析和紧急预防措施，承担出入境转基因生物及其产品、生物物种资源的检验检疫工作等。

（二）水生动物卫生监督机构 >>>>>>

依照《中华人民共和国动物防疫法》，县级以上地方人民政府设立的动物卫生监督机构，负责动物、动物产品的检疫工作和其他有关动物防疫的监督管理执法工作。

依照《动物检疫管理办法》，水产苗种产地检疫由地方卫生监督机构委托同级渔业主管部门实施。

（三）水生动物疫病预防控制机构和水产技术推广机构 >>>>>

依照《中华人民共和国动物防疫法》，县级以上人民政府按照国务院的规定，根据统筹规划、合理布局、综合设置的原则建立动物疫病预防控制机构，承担动物疫病的监测、检测、诊断、流行病学调查、疫情报告及其他预防、控制等技术工作。

依照《中华人民共和国农业技术推广法》，植物病虫害、动物疫病和其他有害生物防治技术属于农业技术的范畴，植物病虫害、动物疫病及农业灾害的监测、预报和预防是农业技术推广机构的公益性职责。

因此，我国水生动物疫病预防控制机构，基本上是依托水产技术推广机构建立，即在各级水产技术推广机构加挂水生动物疫病预防控制机构牌子，或水产技术推广机构直接具有水生动物疫病预防控制机构职责。个别省份（自治区、直辖市）是在科研机构加挂水生动物疫病预防控制机构牌子，或是和陆生动物疫病预防控制机构合署工作。

1. 国家级水生动物疫病预防控制机构（全国水产技术推广总站）

全国水产技术推广总站，是农业农村部直属事业单位，承担拟定水生动物防疫相关法律法规、政策建议，组织制定防疫标准，负责全国水生动物疫病监测、预报和预防，承担重大水生动物疫病监测、流行病学调查、突发疫情应急处置和卫生状况评估，承担水生动物疫病防控体系能力建设和队伍建设等工作。

2. 地方水生动物疫病预防控制机构（水产技术推广机构）

省（自治区、直辖市）、地（市）、县三级水生动物疫病预防控制机构（水产技术推广机构），承担辖区内水生动物疫病监测、检测、诊断、流行病学调查、疫情报告以及其他预防、控制等公益性职责。乡镇水生动物疫病预防控制机构（水产技术推广机构），承担辖区内水生动物疫病监测、预防等职责。

山西省鱼病防治中心，为独立的水生动物疫病预防控制法人单位。北京、河北、内蒙古、吉林、黑龙江、上海、江苏、浙江、福建、江西、湖南、重庆、陕西、甘肃、青海、宁夏、新疆17省（自治区、直辖市）及新疆生产建设兵团，宁波、青岛、深圳3个计划单列市编办批复其水产技术推广机构加挂水生动物疫病预防控制机构或鱼病防治机构牌子。湖北、广西、海南、云南等4省（自治区）编办批复其水产科研机构加挂鱼病防治机构的牌子。天津市、广东省水生动物疫病预防控制机构与陆生动物疫病预防控制机构合并。

125个地（市）级水产技术推广站编办已批复其加挂水生动物疫病预防控制机构或鱼病防治机构牌子，其中，50个建设了防疫检疫实验室，10个通过水生动物疫病病原检测相关资质的认定。

652个县级水产技术推广站编办已批复其加挂水生动物疫病预防控制机构或鱼病防治机构牌子，其中，599个建设了防疫检疫实验室，17个通过水生动物疫病病原检测相关资质的认定。

依据《全国动植物保护能力提升工程建设规划（2017—2025年）》，到2025年国家将投资约6.9亿元人民币，依托国家及地方水生动物疫病预防控制机构，实施一批水生动物疫病监测、防控相关建设项目，进一步完善全国水生动物疫病防控监测网。截至2018年年底，项目启动情况见附录1。

（四）水生动物防疫科研体系 >>>>>

中国水生动物疫病防控科研体系包括中央和地方两级。中央层面，共有11个科研机构具有水生动物疫病防控技术研究的职责，分别归口农业农村部、中国科学院和自然资源部指导管理（表1）。地方层面，多数省（自治区、直辖市）设有水产研究所，从事水生动物疫病防控技术研究等工作。

为提升水生动物疫病防控技术水平，农业农村部（原农业部）还依托有关单位，设立了5个水生动物疫病重点实验室。世界动物卫生组织（OIE）认可的参考实验室有4个（表2）。

表1 中央层面水生动物疫病防控相关科研机构设置情况

序号	单位名称	官方网站
1	中国水产科学研究院黄海水产研究所	http://www.ysfri.ac.cn
2	中国水产科学研究院东海水产研究所	http://www.ecsf.ac.cn
3	中国水产科学研究院南海水产研究所	http://southchinafish.ac.cn
4	中国水产科学研究院黑龙江水产研究所	http://www.hrfri.ac.cn
5	中国水产科学研究院长江水产研究所	http://www.yfi.ac.cn/default.aspx
6	中国水产科学研究院珠江水产研究所	http://www.prfri.ac.cn
7	中国水产科学研究院淡水渔业研究中心	http://www.ffrc.cn/home/index.asp
8	中国科学院水生生物研究所	http://www.ihb.ac.cn
9	中国科学院海洋研究所	http://www.qdio.cas.cn
10	中国科学院南海海洋研究所	http://www.scsio.ac.cn
11	自然资源部第三海洋研究所	http://www.tio.org.cn

依据《全国动植物保护能力提升工程建设规划（2017—2025年）》，到2025年，国家将投资约5.6亿人民币，依托相关科研、高校、疫控机构实施一批水生动物疫病研究相关建设项目，进一步完善全国水生动物疫病研究体系。截至2018年年底，相关研究项目启动情况见附录2。

表2 水生动物疫病重点实验室和OIE参考实验室

序号	实验室名称（疫病领域）	依托单位
1	农业农村部（原农业部）海水养殖病害防治重点实验室（农办科[2016] 29号）	中国水产科学研究院黄海水产研究所
2	农业农村部（原农业部）淡水养殖病害防治重点实验室（农办科[2016] 29号）	中国科学院水生生物研究所

（续）

序号	实验室名称（疫病领域）	依托单位
3	海水养殖动物疾病研究重点实验室（发改农经[2006] 2837号、农计函[2007] 427号）	中国水产科学研究院黄海水产研究所
4	长江流域水生动物疫病重点实验室（发改农经[2006] 2837号、农计函[2007] 427号）	中国水产科学研究院长江水产研究所
5	珠江流域水生动物疫病重点实验室（发改农经[2006] 2837号、农计函[2007] 427号）	中国水产科学研究院珠江水产研究所
6	白斑综合征（WSD）OIE参考实验室（认可年份2011年）	中国水产科学研究院黄海水产研究所
7	传染性皮下及造血器官坏死病(IHHN) OIE参考实验室（认可年份2011年）	中国水产科学研究院黄海水产研究所
8	鲤春病毒血症（SVC）OIE参考实验室（认可年份2011年）	深圳海关
9	传染性造血器官坏死病（IHN）OIE参考实验室（认可年份2018年）	深圳海关

（五）水生动物疫病防控技术支撑机构 >>>>>

1. 渔业产业技术体系

根据农业部《关于现代农业产业技术体系"十三五"新增岗位科学家的通知》（农科（产业）函 [2017] 第23号），农业部现代农业产业技术体系中共有6个渔业产业技术体系，分别为大宗淡水鱼、特色淡水鱼、海水鱼、藻类、虾蟹、贝类。每个产业技术体系均设立了疾病防控功能研究室及有关岗位科学家，在病害研究及防控中发挥着重要的技术支撑作用（附录3）。

2. 水生动物病原库

农业农村部在上海海洋大学投资建设了一个水生动物病原库，承担水产行业相关微生物、细胞株和质粒等培养物的保藏任务。

3. 其他系统相关机构

国家海关系统的出入境检验检疫机构等技术部门，在我国水生动物疫病防控工作中，特别是在进出境水生动物及其产品的监测，防范外来水生动物疫病传入方面，发挥了重要的技术支撑作用。

（六）水生动物医学高等教育体系　>>>>>

中国海洋大学、华中农业大学、上海海洋大学、大连海洋大学、广东海洋大学、华南农业大学和集美大学分别设有水生动物医学学科方向的研究生培养体系。上海海洋大学、大连海洋大学、广东海洋大学和集美大学分别于2013年、2014年、2016年和2017年起招收了水生动物医学本科专业学生。此外，青岛农业大学计划于2019年开设水生动物医学本科专业，并于翌年开始招生。截至2018年年底，我国水生动物医学本科专业毕业生达107人（其中，上海海洋大学84人，大连海洋大学23人）。这些高校是我国水生动物防疫工作者的摇篮，也是我国水生动物防疫体系的重要组成部分。

（七）专业技术委员会　>>>>>

1. 农业农村部水产养殖病害防治专家委员会

根据《农业部关于成立农业部水产养殖病害防治专家委员会的通

知》（农渔发［2012］12 号），农业农村部水产养殖病害防治专家委员会（以下简称"专家委员会"）于2012年4月成立，秘书处设在全国水产技术推广总站。"专家委员会"主要职责是：对国家水产养殖病害防治和水生动物疫病防控相关工作提供决策咨询、建议和技术支持；参与全国水产养殖病害防治和水生动物疫病防控工作规划及重大水生动物疫病防控政策制订；突发、重大、疑难水生动物疫病的诊断、应急处置及防控形势会商；国家水生动物卫生状况报告、技术规范、标准等技术文件审定；无规定疫病苗种场的评估和审定；国内外水生动物疫病防控学术交流与合作等。2017年，换届成立了第二届"专家委员会"（农渔发［2017］44 号），共有委员37 名（附录4），分设海水鱼组、淡水鱼组和甲壳类贝类组3个专业工作组。

2. 全国水产标准化委员会水生动物防疫标准化技术工作组

根据《关于成立水生动物防疫标准化技术工作组的通知》（农渔科函［2001］126 号），成立全国水生动物防疫标准化技术工作组（以下简称"工作组"）。"工作组"业务上接受农业农村部渔业渔政管理局和全国水产标准化技术委员会的领导，秘书处设在全国水产技术推广总站。"工作组"主要职责是：提出水生动物防疫标准化工作的方针、政策及技术措施等建议；组织编制水生动物防疫标准制修订计划，组织起草、审定和修订水生动物防疫国家标准、行业标准；负责水生动物防疫标准的宣传、释义和技术咨询服务等工作；承担水生动物防疫标准化技术的国际交流和合作等。2018 年，换届成立了第四届"工作组"（农渔科函［2018］84 号）（图1），共有委员29 名（附录5）。

截至2018年年底，"工作组"已组织制修订水生动物防疫国家和行业标准135项。其中，20项国家标准和79项行业标准已公布（附录6）。

图1 第四届全国水生动物防疫标准化技术工作组

二、水生动物疫病防控队伍建设

（一）渔业官方兽医队伍 >>>>>

根据《动物防疫法》要求，农业农村部继续推进动物卫生监督执法人员渔业官方兽医资格确认工作。截至2018年年底，天津、江苏、浙江、安徽、山东、湖南、广东省（直辖市）已依法确认渔业官方兽医2 921名。

2018年，农业农村部组织举办了1期全国水产苗种产地检疫培训班，来自全国各省（自治区、直辖市）渔业主管部门、水生动物卫生监督（渔政执法）机构和水生动物疫病预防控制（水产技术推广）机构等相关人员150余人参加了培训。此项培训工作已开展5年，为加快建立我国渔业官方兽医队伍、依法开展水产苗种产地检疫奠定了基础（图2）。

图2 2018年全国水产苗种产地检疫培训班

（二）渔业执业兽医队伍　>>>>>

目前，我国每2年组织一次渔业执业兽医资格考试，2018年未组织考试。因此，2018年全国渔业执业兽医人数与2017年相同，即获得水生动物类执业兽医资格人员4 002人。其中，执业兽医师资格2 392人，执业助理兽医师资格1 610人。另外，未参加国家执业兽医资格考试但经执业兽医师资格考核，共有552名高级职称人员获得了水生动物执业兽医师资格。

（三）渔业乡村兽医队伍　>>>>>

2018年，我国登记注册的渔业乡村兽医共有14 145人。分布在县、乡（镇）水产技术推广或水生动物疫病防控机构、渔业饲料或水产养殖用兽药生产企业、兽药经营门店等。

（四）水生物病害防治员　>>>>>

2018年，渔业行业鉴定水生物病害防治员3 385人，合格人员3 179人。其中，五级264人，四级1 759人，三级1 008人，二级148人。自2001年起，全国已累计获证3万余人，主要分布在基层生产一线、渔业饲料或水产养殖用兽药生产企业、兽药经营门店、水产技术推广机构、水生动物疫病防控机构及其他渔业相关单位。

第二章　相关法律法规和行政执法

一、水生动物疫病防控相关法律法规

　　水生动物疫病防控工作的相关法律法规不断完善，目前我国已经形成了以《中华人民共和国渔业法》《中华人民共和国进出境动植物检疫法》《中华人民共和国农业技术推广法》《中华人民共和国农产品质量安全法》《中华人民共和国动物防疫法》等为核心，《重大动物疫情应急条例》《兽药管理条例》《病原微生物实验室生物安全管理条例》等行政法规和《水生动物疫病应急预案》等部门规章（表3），以及地方性法规和规范性文件为补充的法律法规体系框架（表4）。

表3　水生动物疫病防控法律法规体系

分类		名称	施行日期	主要内容
法律法规	法律	中华人民共和国渔业法	1986年7月1日（2013年12月28日修正）	明确县级以上人民政府渔业行政主管部门应当加强对养殖生产的技术指导和病害防治工作，同时，明确水产苗种的进口、出口必须实施检疫，防止病害传入境内和传出境外

（续）

分类		名称	施行日期	主要内容
法律法规	法律	中华人民共和国进出境动植物检疫法	1992年4月1日（2009年8月27日修正）	为防止动物传染病、寄生虫病和植物危险性病、虫、杂草以及其他有害生物传入、传出国境，保护农、林、牧、渔业生产和人体健康，促进对外经济贸易的发展，对动植物等进境检疫，出境检疫，过境检疫，携带、邮寄物检疫，和运输工具检疫等做了具体规定
		中华人民共和国农业技术推广法	1993年7月2日（2012年8月31日修正）	明确各级国家农业技术推广机构属于公共服务机构，植物病虫害、动物疫病及农业灾害的监测、预报和预防是农业技术推广机构的公益性职责
		中华人民共和国农产品质量安全法	2006年11月1日（2018年10月26日修正）	明确县级以上人民政府农业行政主管部门应当采取措施，推进保障农产品质量安全的标准化生产综合示范区、示范农场、养殖小区和无规定动植物疫病区的建设 县级以上人民政府农业行政主管部门应当加强对农业投入品使用的管理和指导，建立健全农业投入品的安全使用制度 依法需要实施检疫的动植物及其产品，应当附具检疫合格标志、检疫合格证明 农产品生产企业和农民专业合作经济组织应当建立农产品生产记录，如实记载动物疫病、植物病虫草害的发生和防治情况等

（续）

分类		名称	施行日期	主要内容
法律法规	法律	中华人民共和国动物防疫法	2008年1月1日（2015年4月24日修正）	对动物疫病的预防，疫情报告、通报和公布，疫病的控制和扑灭，动物和动物产品的检疫，动物诊疗，监督管理和保障措施等内容做了具体规定
	行政法规	兽药管理条例	2004年11月1日（2016年2月6日修订）	为了加强兽药管理，保证兽药质量，防治动物疾病，促进养殖业的发展，维护人体健康，对新兽药研制、生产、经营、进出口、使用、监督管理等做了具体规定
		病原微生物实验室生物安全管理条例	2004年11月12日（2018年4月4日修订）	对病原微生物的分类和管理，实验室的设立与管理，实验室感染控制，监督管理等做了具体规定
		重大动物疫情应急条例	2005年11月18日（2017年10月7日修订）	为了迅速控制、扑灭重大动物疫情，保障养殖业生产安全，保护公众身体健康与生命安全，维护正常的社会秩序，对重大动物疫情的应急处置原则、应急准备、监测报告和公布、应急处理、法律责任等多个方面做了具体规定
部门规章和规范性文件	应急管理	水生动物疫病应急预案（农办发〔2005〕11号）	2005年7月21日	对水生动物疫病应急组织体系、预防和预警机制、应急响应、后期处置、保障措施等进行了明确规定

（续）

分类		名称	施行日期	主要内容
部门规章和规范性文件	疫病预防与控制	关于印发《水生动物防疫工作实施意见》（试行）通知（国渔养〔2000〕16号）	2000年10月18日	各级渔业行政主管部门应积极组织开展水产养殖病害的调查和测报工作，加强对本地水生动物疫病的监管力度，建立水产病害报告制度，实现疫病情况的规范化管理。并成立"全国动物防疫标准化委员会水生动物防疫标准化分委员会"，不断提高水生动物防疫工作规范化、标准化水平
		关于印发《病死及死因不明动物处置办法（试行)》的通知	2005年10月21日	对病死但不能确定死亡病因的，发病快、死亡率高等重大动物疫情，怀疑是外来病，或者是国内新发疫病的动物报告、诊断及处置工作进行了明确要求
		一、二、三类动物疫病病种名录	2008年12月11日	规定了一、二、三类动物疫病病种名录。其中，与水生动物相关的有36种。一类疫病2种，二类疫病17种，三类疫病17种
		动物防疫条件审查办法	2010年5月1日	为了规范动物防疫条件审查，有效预防控制动物疫病，维护公共卫生安全，对动物的饲养场、养殖小区防疫条件，屠宰加工场所防疫条件，隔离场所防疫条件，无害化处理场所防疫条件，集贸市场防疫条件，审查发证和监督管理等进行了明确规定

（续）

分类		名称	施行日期	主要内容
部门规章和规范性文件	疫病预防与控制	中华人民共和国进境动物检疫疫病名录	2013年11月28日	规定了进境检疫的一、二类传染病、寄生虫病名录。其中，与水生动物相关的二类传染病、寄生虫病有44种
		农业农村部关于做好动物疫情报告等有关工作的通知	2018年6月15日	为加强动物疫情管理，提升动物疫病防控工作水平，对动物疫情报告、疫病确诊与疫情认定、疫情通报与公布等工作进行规定
		《关于加快推进水产养殖业绿色发展的若干意见》	2019年1月11日	为加快推进水产养殖业绿色发展，促进产业转型升级，经国务院同意，农业农村部等10部委印发的专门针对水产养殖业的指导意见，对加强疫病防控作出全面部署，包括：落实全国动植物保护能力提升工程，健全水生动物疫病防控体系，加强监测预警和风险评估，强化水生动物疫病净化和突发疫情处置，提高重大疫病防控和应急处置能力。完善渔业官方兽医队伍，全面实施水产苗种产地检疫和监督执法，推进无规定疫病水产苗种场建设。加强渔业乡村兽医备案和指导，壮大渔业执业兽医队伍。科学规范水产养殖用疫苗审批流程，支持水产养殖用疫苗推广。实施病死养殖水生动物无害化处理等

（续）

分类		名称	施行日期	主要内容
部门规章和规范性文件	检疫监督管理	动物检疫管理办法	2010年3月1日	明确对出售或运输水生动物的亲本、稚体、幼体、受精卵、发眼卵及其他遗传育种材料等水产苗种和养殖、出售或者运输合法捕获的野生水产苗种都需要按要求申报检疫
		农业部关于印发动物检疫合格证明等样式及填写应用规范的通知	2010年11月2日	为进一步规范动物检疫合格证明等动物卫生监督证章标志使用和管理，对动物检疫合格证明、检疫处理通知单等样式以及动物卫生监督证章标志填写应用规范进行了具体要求
		农业部办公厅关于动物检疫合格证明及动物检疫标志填写使用等有关事宜的补充通知	2010年12月24日	对《动物检疫合格证明》和动物检疫标志使用和管理中存在的新旧证明过渡期问题、检疫证明填写有关问题、检疫标志有关问题及印刷问题进行了详细要求
		农业部关于印发《鱼类产地检疫规程（试行）》等3个规程的通知	2011年3月17日	对鱼类、甲壳类和贝类产地检疫的检疫对象、检疫范围、检疫合格标准、检疫程序、检疫结果处理和检疫记录等进行了明确要求

（续）

分类	名称	施行日期	主要内容
部门规章和规范性文件	检疫监督管理	财政部、国家发展改革委《关于取消和暂停征收一批行政事业性收费有关问题的通知》	2015年11月1日	明确农业部门暂停征收动物及动物产品检疫费
	实验室与动物诊疗机构管理	动物病原微生物分类名录	2005年5月24日	依据《病原微生物实验室生物安全管理条例》，对动物病原微生物进行分类，其中，与水生动物有关的三类动物病原微生物有22种
		动物病原微生物菌（毒）种保藏管理办法	2009年1月1日	明确从事动物疫情监测、疫病诊断、检验检疫和疫病研究等活动的单位和个人，应当及时将研究、教学、检测、诊断等实验活动中获得的具有保藏价值的菌（毒）种和样本，送交保藏机构鉴定和保藏，并提交菌（毒）种和样本的背景资料。同时对保藏机构、菌（毒）种和样本的收集，菌（毒）种和样本的保藏、供应，菌（毒）种和样本的销毁，菌（毒）种、样本的对外交流及罚则等进行详细规定
		检验检测机构资质认定管理办法	2015年8月1日	对资质认定条件和程序，技术评审管理，检验检测机构从业规范，监督检查及法律责任等进行详细规定

（续）

分类	名称	施行日期	主要内容
部门规章和规范性文件	执业兽医与乡村兽医管理	执业兽医管理办法	2009年1月1日	为了规范执业兽医执业行为，提高执业兽医业务素质和执业道德水平，保障执业兽医合法权益，保护动物健康和公共卫生安全，对动物的执业兽医资格考试，执业注册和备案，执业活动管理，罚则等进行明确规定
		乡村兽医管理办法	2009年1月1日	为了加强乡村兽医从业管理，提高乡村兽医业务素质和执业道德水平，保障乡村兽医合法权益，保护动物健康和公共卫生安全，对从事动物疫病防治等的乡村兽医资格和登记制度，诊疗服务活动，警告处罚等内容进行详细规定
		兽用处方药和非处方药管理办法	2014年3月1日	为加强兽药监督管理，促进兽医临床合理用药，保障动物产品安全，对兽药分类管理，兽用处方药和非处方药的生产，销售等进行详细规定

表4　水生动物疫病防控地方性法规体系和规范性文件

省份	名　　称	施行日期
辽宁	辽宁省水产苗种管理条例	2006年1月1日
	辽宁省水产苗种检疫实施办法	2006年4月1日
吉林	吉林省水利厅关于印发《吉林省水生动物防疫工作实施细则》（试行）的通知	2001年11月14日
江苏	江苏省动物防疫条例	2013年3月1日

（续）

省份	名　称	施行日期
浙江	浙江省水产苗种管理办法	2001年4月25日
	浙江省动物防疫条例	2011年3月1日
	关于水生动物检疫有关问题的通知	2011年5月19日
安徽	关于做好2017年度新增、变更、注销、撤销官方兽医及首批渔业官方兽医工作的通知	2018年4月11日
山东	山东省海洋与渔业厅关于印发《山东省水产苗种产地检疫试行办法》的通知	2018年10月13日
	山东省农业农村厅关于做好渔业官方兽医资格确认工作的通知	2018年11月3日
湖南	湖南省水产苗种管理办法	2003年8月1日
广东	关于做好水产苗种产地检疫委托事宜的通知	2011年8月30日
	关于切实做好水产苗种产地检疫工作的通知	2011年9月16日
广西	广西壮族自治区水产畜牧兽医局关于进一步加强全区水产苗种产地检疫工作的通知	2013年4月28日
海南	海南省无规定动物疫病区管理条例	2007年3月1日
四川	四川省水利厅关于印发《四川省水生动物防疫检疫工作实施意见》的通知	2002年11月6日
青海	青海省农牧厅关于加强水产苗种引进和检疫工作的通知	2013年12月2日
新疆	新疆维吾尔自治区水生动物防疫检疫办法	2013年3月1日

二、水产苗种产地检疫

为推动水产苗种产地检疫和监督执法，从源头上严格控制重大水生动物疫病传播，2017年，农业部正式批复江苏省启动了水产苗种产地检疫试点，有效防止了水生动物疫病扩散，取得了阶段性成果。为推广江苏省成功经验，2018年农业农村部又将水产苗种产地检疫试点范围扩大到天津、浙江、安徽、山东、广东5个省（直辖市）。试点省（直辖市）按照试点要求，攻坚克难，积极进取，试点工作取得了新进展。截至2018年年底，6个试点省（直辖市）已累计确认渔业官方兽医共计1 370名，同时积极开发水产苗种产地检疫电子出证系统。广东省2018年全省试点单位共检疫水产苗种404多亿尾，网上填写电子检疫合格证1 240份（图3）。

图3 水产苗种产地检疫试点工作座谈会

第三章 水生动物疫病监测与防控

疫病监测是疫病防控的基础性工作，为开展风险评估、确定科研方向以及政府决策等发挥着重要的支撑作用。2018年，农业农村部稳步实施《全国水产养殖动植物病情测报》和《国家水生动物疫病监测计划》，对主要养殖区域、重大疫病进行监测，监测养殖品种产量约占水产养殖总产量的45.2%。同时不断强化疫病防控体系能力建设和联合攻关机制，积极组织开展技术指导和服务，有效确保了未发生区域性重大水生动物疫情。

一、全国水产养殖动植物病情概况

（一）发病养殖种类 >>>>>

根据全国水产技术推广总站组织开展的全国水产养殖动植物病情测报结果，2018年监测到发病养殖种类66种（表5）。其中，鱼类39种，虾类9种，蟹类3种，贝类7种，藻类3种，两栖/爬行类3种，其他类2种。主要的养殖鱼类和虾类都监测到疾病。

表5　2018年全国监测到发病的水产养殖种类汇总

类　别		种　类	数量
淡水	鱼类	青鱼、草鱼、鲢、鳙、鲤、鲫、鳊、泥鳅、鲇、鮰、黄颡鱼、鲑、鳟、河鲀、短盖巨脂鲤、长吻鮠、黄鳝、鳜、鲈（淡水）、乌鳢、罗非鱼、鲟、鳗鲡、鲮、倒刺鲃、白鲳、红鲌、笋壳鱼、梭鱼、金鱼、锦鲤	31
	虾类	罗氏沼虾、青虾、克氏原螯虾、南美白对虾(淡水)	4
	蟹类	中华绒螯蟹	1
	贝类	河蚌	1
	两栖/爬行类	龟、鳖、大鲵	3
海水	鱼类	鲈（海水）、鲆、大黄鱼、河鲀、石斑鱼、鲽、半滑舌鳎、卵形鲳鲹	8
	虾类	南美白对虾(海水)、斑节对虾、中国对虾、日本对虾、脊尾白虾	5
	蟹类	梭子蟹、锯缘青蟹	2
	贝类	牡蛎、鲍、螺、扇贝、蛤、蚶	6
	藻类	海带、裙带菜、紫菜	3
	其他类	海参、海蜇	2
合计			66

（二）监测到的疾病种类　〉〉〉〉〉〉

　　监测到的鱼类主要疾病有鲤春病毒血症、草鱼出血病、传染性脾肾坏死病、锦鲤疱疹病毒病、病毒性神经坏死病、斑点叉尾鮰病毒病、传染性造血器官坏死病、传染性胰脏坏死病、鲤浮肿病、鲫造血器官坏死病、淡水鱼细菌性败血症、迟缓爱德华氏菌病、链球菌病、大黄鱼内脏白点病、鳗弧菌病、鱼柱状黄杆菌病、水霉病、刺激隐核虫病、小瓜虫病、固着类纤毛虫病等。

监测到的虾蟹类主要疾病有白斑综合征、传染性皮下和造血器官坏死病、虾虹彩病毒病、弧菌病、急性肝胰腺坏死病、水霉病、固着类纤毛虫病、虾肝肠胞虫病等。

监测到的贝类主要疾病有鲍脓疱病、鲍弧菌病、三角帆蚌气单胞菌病、才女虫病等。

监测到的两栖爬行类主要疾病有鳖红底板病、蛙病膜炎败血金黄杆菌病、固着类纤毛虫病等。

另外，还监测到海参腐皮综合征、海参烂边病等。

（三）主要养殖方式的发病状况　>>>>>

从不同养殖方式下养殖对象的发病情况来看，大多数养殖方式的平均发病面积率在20%左右。而海水普通网箱的平均发病面积率较高，约为45%，海水工厂化较低，约为5%（图4）。

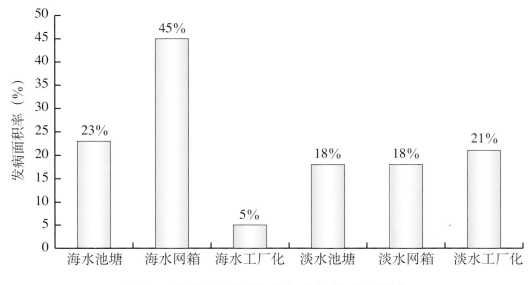

图4　2018年主要养殖方式的发病面积率

（四）经济损失情况 >>>>>

2018年，我国水产养殖因病害造成的测算经济损失约450亿元，约占渔业产值的3.5%。在病害经济损失中，甲壳类损失最大，约占49.0%，鱼类约占20.0%，贝类约占20.0%，其他约占11.0%。主要养殖种类经济损失情况如下：

（1）**甲壳类** 因病害造成较大经济损失的有：南美白对虾117.8亿元，克氏原螯虾28.4亿元，中华绒螯蟹15.1亿元，锯缘青蟹14.3亿元，斑节对虾13.1亿元，梭子蟹8.6亿元。

（2）**鱼类** 因病害造成经济损失较大的有：罗非鱼16.3亿元，草鱼9.2亿元，鲈7.8亿元，鲫6.7亿元，鳙6.2亿元，大黄鱼4.7亿元，黄鳝4.6亿元，鲢4.1亿元，鳜4.1亿元，鲤3亿元。

（3）**贝类** 因病害造成较大经济损失的有：牡蛎35.4亿元，扇贝31.1亿元，蛤10.5亿元，螺8.1亿元，鲍3.6亿元。

（4）**其他** 因病害造成较大经济损失的有：龟1.8亿元，鳖1.4亿元，海参36.8亿元，海带11.4亿元。

二、重大水生动物疫病防控

2018年，农业农村部下达《2018年国家水生动物疫病监测计划》，针对鲤春病毒血症、锦鲤疱疹病毒病、鲤浮肿病、草鱼出血病、鲫造血器官坏死病、传染性造血器官坏死病、病毒性神经坏死病等7种鱼类疫病以及白斑综合征、传染性皮下和造血器官坏死病、虾虹彩病毒病、虾肝肠胞虫病等4种虾类疫病进行监测。这11种疫病危害的主要养殖品种包括鲤、锦鲤、草鱼、鲫、鲑鳟等淡水鱼，石斑鱼等海水鱼，南美白对虾、克氏原螯虾、罗氏沼虾等甲壳类。这些养殖品种均是我国重要的水产养殖品种（附录7），养殖产量约占水产养殖总产量的45.2%，疫病防控十分重要。

全国水产技术推广总站具体组织实施《国家水生动物疫病监测计划》，组织各省（自治区、直辖市）及新疆生产建设兵团水生动物疫病预防控制机构（水产养殖病害防治、水产技术推广机构）、各承担任务的检测单位和水生动物疫病参考实验室开展全国水生动物疫病监测，指导各地开展监测与评估，组织开展疫病形势会商和疫情预警等。各疫病首席专家团队及相关科研、高校、推广（疫控）、海关等机构，也积极研究、试验、推广疫病防控技术，开展形式多样的技术指导和技术培训。

（一）鲤春病毒血症　>>>>>

I. 监测情况

（1）**监测范围**　《2018年国家水生动物疫病监测计划》对鲤春病毒血症（SVC）的监测范围是北京、天津、河北、山西、内蒙古、辽宁、吉林、黑龙江、上海、江苏、浙江、安徽、江西、山东、河南、湖北、湖南、广西、重庆、四川、陕西、宁夏和新疆23省（自治区、直辖市）和新疆生产建设兵团，涉及231个区（县）、366个乡（镇）。监测对象主要是鲤科鱼类。

（2）**监测结果**　23省（自治区、直辖市）和新疆生产建设兵团共设置监测养殖场点536个，检出阳性21个，平均阳性养殖场点检出率为3.9%。在536个监测养殖场点中，国家级原良种场11个，未检出阳性；省级原良种场53个，3个阳性；苗种场132个，7个阳性；观赏鱼养殖场75个，3个阳性；成鱼养殖场265个，8个阳性（图5）。

23省（自治区、直辖市）共采集样品579批次，检出阳性样品21批

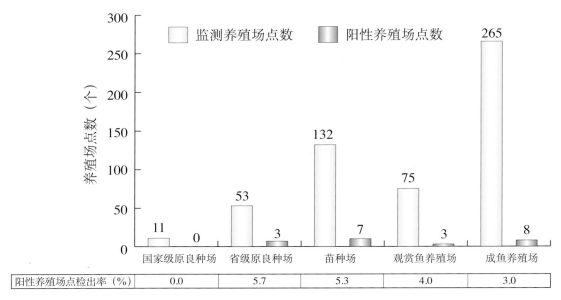

图5　SVC各种类型养殖场点的平均阳性检出情况

次，均属于Ⅰa基因亚型。

在23省（自治区、直辖市）中，北京、内蒙古、辽宁、黑龙江、上海、江苏、湖北、湖南、陕西、宁夏10省（自治区、直辖市）和新疆生产建设兵团检出了阳性样品，10省（自治区、直辖市）和新疆生产建设兵团的平均阳性养殖场点检出率为8.0%。其中，新疆生产建设兵团的阳性养殖场点检出率最高，为40.0%（图6）。

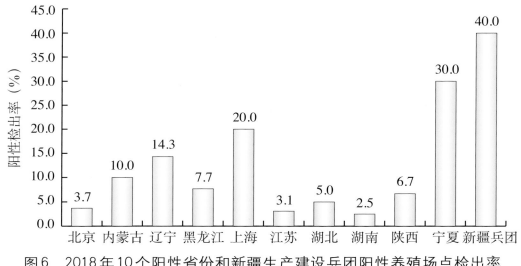

图6　2018年10个阳性省份和新疆生产建设兵团阳性养殖场点检出率

（3）**阳性养殖品种和养殖模式**　监测的养殖品种有鲤、锦鲤、鲫、金鱼、鲢、鳙、草鱼、鳊、青鱼等。其中，在鲤和锦鲤中检出了阳性样品，分别占总体阳性养殖品种比例为90.5%和9.5%。阳性养殖场的养殖模式均为淡水池塘养殖。

监测情况见附录8（1）。

2. 应急处置和防控

2018年，辽宁某省级鲤原良种场发生了SVC疫情，当地及时对疫场进行了封锁、隔离，并对染疫水生动物进行了扑杀和无害化处理；《2018年国家水生动物疫病监测计划》实施过程中，SVC病原阳性省份，也对阳性养殖场采取相应隔离措施，禁止场内水生动物流通，对场内水体、器械、池塘和场地实施严格的封锁消毒措施，对染疫水生动物进行无害化处理（图7），对阳性养殖场采取持续监控，并组织开展流行病学调查和病原溯源等工作。农业农村部SVC首席专家呼吁，由于我国鲤科鱼类疫病防控形势严峻复杂，应强势推进苗种产地检疫制度，切断苗种传播鲤春病毒血症病毒（SVCV）风险；同时，全面提升鲤科鱼类养殖业者生物安保意识，在国家和省级原良种场以及观赏鱼养殖场率先开展生物安保示范，做好预防措施；并研究开发SVCV疫苗，探索免疫防病的途径。

起捕

掩埋

消毒

图7　染疫鲤无害化处理示例

（二）锦鲤疱疹病毒病　>>>>>

1. 监测情况

（1）**监测范围**　《2018年国家水生动物疫病监测计划》对锦鲤疱疹病毒病（KHVD）的监测范围是北京、天津、河北、内蒙古、辽宁、吉林、黑龙江、江苏、浙江、安徽、江西、山东、河南、湖南、广东、广西、重庆、四川、陕西、甘肃、宁夏21省（自治区、直辖市），涉及179个区（县）、298个乡（镇）。监测对象主要是锦鲤、鲤及其普通变种。

（2）监测结果　21省（自治区、直辖市）共设置监测养殖场点457个，检出阳性9个，平均阳性养殖场点检出率为2.0%。在457个监测养殖场点中，国家级原良种场5个，省级原良种场42个，苗种场109个，成鱼养殖场169个，均未检出阳性；观赏鱼养殖场132个，9个阳性（图8）。

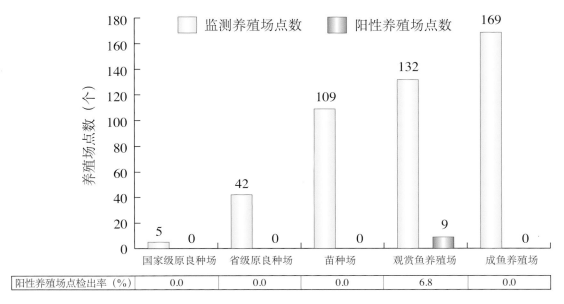

图8　KHVD各种类型养殖场点的平均阳性检出情况

21省（自治区、直辖市）共采集样品534批次，检出阳性样品12批次，均为KHVD-A1(亚洲株)型。

在21省（自治区、直辖市）中，北京、辽宁、广东3省（直辖市）检出了阳性样品，3省（直辖市）的平均阳性养殖场点检出率为12.2%（图9）。其中，北京市近5年已有4年检出阳性，广东省已连续2年检出阳性，辽宁省则是首次检出阳性。锦鲤疱疹病毒（KHV）阳性检出区域还在蔓延，截至2018年年底，全国已有12省（自治区、直辖市）检出KHV阳性。

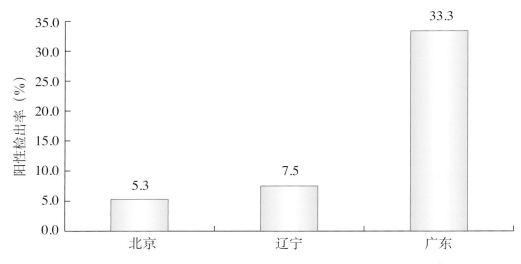

图9　2018年3个阳性省份阳性养殖场点检出率

（3）阳性养殖品种和养殖模式　监测的养殖品种有锦鲤、鲤及其普通变种。其中，在锦鲤和鲤中检出了阳性样品。阳性养殖场的养殖模式有池塘养殖和工厂化养殖。

监测情况见附录8（2）。

2. 预防控制

2018年，各地对在《2018年国家水生动物疫病监测计划》中检出KHV阳性的养殖场高度重视，能够及时采取隔离、扑杀、消毒、封锁等防控措施，对阳性样品的苗种来源进行追踪溯源，及时发布预警，做好防范工作等；农业农村部KHVD首席专家团队对KHV快速检测试剂盒的检测方法进行了验证，结果显示，检测效率、灵敏度均高于常规PCR技术，但也存在假阳性的问题，有待进一步研究和提高精准性。

（三）鲤浮肿病　>>>>>

1. 监测情况

（1）监测范围　2018年，全国水产技术推广总站组织北京、天津、河北、内蒙古、辽宁、黑龙江、上海、江苏、浙江、安徽、江西、山东、河南、湖南、广东、广西、重庆、四川、陕西、甘肃、宁夏、新疆22省（自治区、直辖市）和新疆生产建设兵团对鲤浮肿病（CEVD）进行监测，监测范围涉及221个区（县）、378个乡（镇）。监测对象主要是鲤和锦鲤。

（2）**监测结果** 22省（自治区、直辖市）和新疆生产建设兵团共设置监测养殖场点659个，检出阳性106个，平均阳性养殖场点检出率为16.1%。在659个监测养殖场点中，国家级原良种场7个，1个阳性；省级原良种场42个，5个阳性；苗种场127个，15个阳性；观赏鱼养殖场142个，44个阳性；成鱼养殖场341个，41个阳性（图10）。

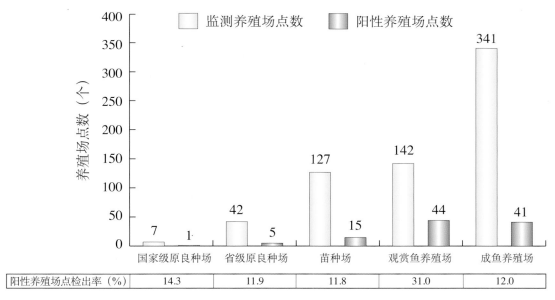

图10 CEVD各种类型养殖场点的平均阳性检出情况

22省（自治区、直辖市）和新疆生产建设兵团共采集样品902批次，检出阳性116批次。

在22省（自治区、直辖市）和新疆生产建设兵团中，北京、天津、河北、内蒙古、辽宁、黑龙江、上海、江苏、山东、河南、湖南、广东、陕西、宁夏14省（自治区、直辖市）检出了阳性样品，14省（自治区、直辖市）的平均阳性养殖场点检出率为22.2%。其中，10个省份均为连续监测2年并持续检出阳性的省（自治区、直辖市）（图11）。

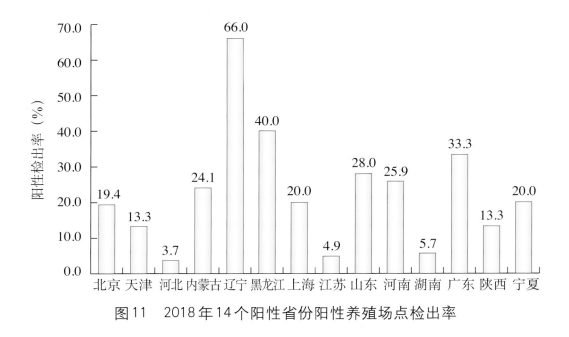

图11　2018年14个阳性省份阳性养殖场点检出率

（3）阳性养殖品种和养殖模式　监测的养殖品种有鲤、锦鲤、青鱼、草鱼、鳙、鲫、鲈、金鱼和观赏鱼等。其中，鲤阳性率10.8%，锦鲤阳性率20.1%。阳性养殖场的养殖模式有淡水池塘和淡水工厂化。

监测情况见附录8（3）。

2. 预防控制

全国水产技术推广总站组织召开了鲤浮肿病病原免疫技术研讨会；组织开展了对鲤浮肿病病原实验室检测能力验证；组织有关单位研究制定了行业标准《鲤浮肿病诊断规程》，并报批。此外，农业农村部CEVD首席专家率领团队在河北、内蒙古开展了流行病学调查，并现场指导当地养殖户开展CEVD防控工作（图12）；部分省份开展CEVD防控技术培训班（图13）。

图12　现场调查

图13　CEVD首席专家团队开展技术培训

（四）草鱼出血病　>>>>>

1. 监测情况

（1）**监测范围**　《2018年国家水生动物疫病监测计划》对草鱼出血病（GCHD）的监测范围是天津、河北、吉林、上海、江苏、浙江、安徽、江西、山东、湖北、湖南、广东、广西、重庆、四川、贵州、宁夏17省（自治区、直辖市），涉及181个区（县）、271个乡（镇）。监测对象是草鱼和青鱼。

（2）**监测结果**　17省（自治区、直辖市）共设置监测养殖场点380个，检出阳性27个，平均阳性养殖场点检出率为7.1%。在380个监测养殖场点中，国家级原良种场4个，未检出阳性；省级原良种场45个，3个阳性；苗种场124个，9个阳性；成鱼养殖场207个，15个阳性（图14）。

17省（自治区、直辖市）共采集样品451批次，检出阳性样品30批次，均属于基因Ⅱ型的草鱼呼肠孤病毒（GCRV）。

在17省（自治区、直辖市）中，安徽、江西、湖北、广东、广西、重庆6省（自治区、直辖市）检出了阳性样品，6省（自治区、直辖市）

的平均阳性养殖场点检出率为14.2%。其中，重庆市阳性养殖场点检出率最高，为30.0%；其次是广西壮族自治区，阳性养殖场点检出率为21.7%；安徽省最低，阳性养殖场点检出率为7.0%（图15）。

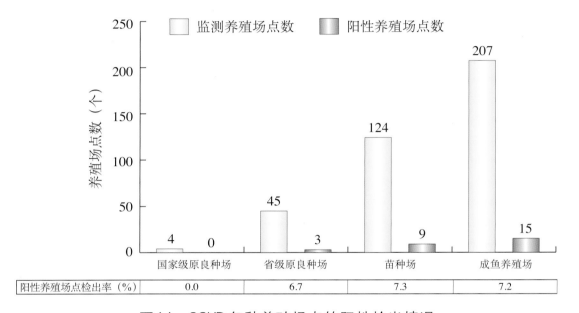

阳性养殖场点检出率（%）	0.0	6.7	7.3	7.2

图14　GCHD各种养殖场点的阳性检出情况

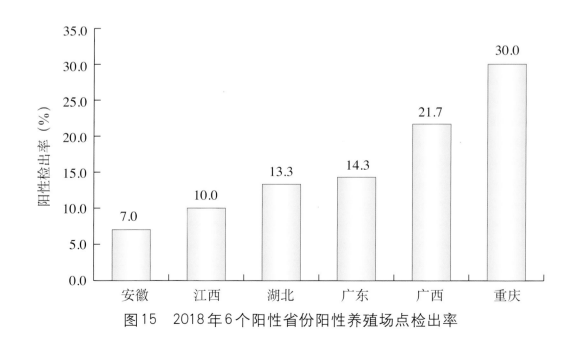

图15　2018年6个阳性省份阳性养殖场点检出率

（3）**阳性养殖品种和养殖模式** 监测的养殖品种有草鱼和青鱼，只有在草鱼中检出了阳性样品。阳性养殖场的养殖模式有池塘养殖和淡水网栏养殖。

在2018年监测范围内，实际养殖生产中未发生草鱼出血病疫情。监测情况见附录8（4）。

2. 对病原的重新认识及其预防控制

我国于20世纪80年代开始研究草鱼出血病病原特性，从患病草鱼中既发现了不能产生细胞病变（CPE）但有很强毒力的病毒，也发现了可以产生CPE并能引起草鱼出现相似且较轻症状的病毒。从方便研究的角度考虑，暂时把后者定为草鱼呼肠孤病毒Ⅰ型，而把前者定为Ⅱ型。草鱼出血病首席专家单位对2011—2018年期间采集自江西、广东等19个省（自治区、直辖市）的3 579份未发病或疑似草鱼出血病的草鱼样品进行GCRV分型检测，并对各毒株的*S2*和*S10*基因进行序列和遗传进化分析，系统比较各分离株的分子流行病学特征、地域和时间分布差异及遗传进化关系，建立了我国草鱼出血病分子流行病学数据库，在大量数据分析中发现了一些问题。

2018年，农业农村部GCHD首席专家单位组织召开"草鱼出血病病原鉴定与分型及相关问题研讨会"，就草鱼呼肠孤病毒的分型和草鱼出血病病原的定义展开了讨论。大量数据表明，绝大多数患病的、有典型临床症状的草鱼中分离到的病毒是不能在已有细胞中产生病变的Ⅱ型病毒；国内外专家研究发现能产生CPE的Ⅰ型（目前病毒分类委员会ICTV将它归于水生呼肠孤病毒C型）和金体美洲鳊呼肠孤病毒（原名GSV，后经ICTV改名为GSRV）基因的同源性达95%以上。与会专家一致认为，GCRVⅡ型是我国当前主要流行基因型，草鱼出血病是由基因Ⅱ型GCRV引起的，应对草鱼出血病病原及其分型做出重新定义，该项工作正在进行中，不久将向ICTV提交修改报告。此外，首席专家团队已经开展流行基因型GCRV细胞灭活疫苗的研制，并在山东等地区进行了区域综合防控试验，通过流行病学调查、水质定期检测，池塘底质改良结合免疫防控，取得了较好的成效（图16至图18）。

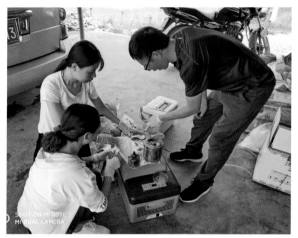

图16　流行病学调查和采样

图17　举办技术培训

图18　草鱼出血病病原鉴定与分型及相关问题研讨会

（五）鲫造血器官坏死病 >>>>>

1. 监测情况

（1）**监测范围** 《2018年国家水生动物疫病监测计划》对鲫造血器官坏死病的监测范围是北京、天津、河北、内蒙古、吉林、上海、江苏、浙江、安徽、江西、山东、河南、湖北、湖南、广西、四川和甘肃17省（自治区、直辖市），涉及182个区（县）、276个乡（镇）。监测对象主要是鲫，少部分为金鱼、鲤、草鱼及其他品种。

（2）**监测结果** 17省（自治区、直辖市）共设置监测养殖场点384个，检出阳性20个，平均阳性养殖场点检出率为5.2%。在384个监测养殖场点中，国家级原良种场5个，未检测出阳性；省级原良种场32个，3个阳性；苗种场105个，1个阳性；观赏鱼养殖场22个，7个阳性；成鱼养殖场220个，9个阳性（图19）。

17省（自治区、直辖市）共采集样品407批次，检出阳性样品21批次。

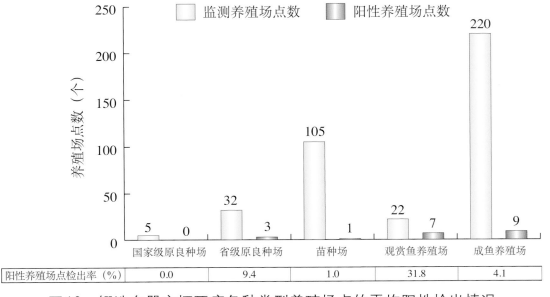

图19 鲫造血器官坏死病各种类型养殖场点的平均阳性检出情况

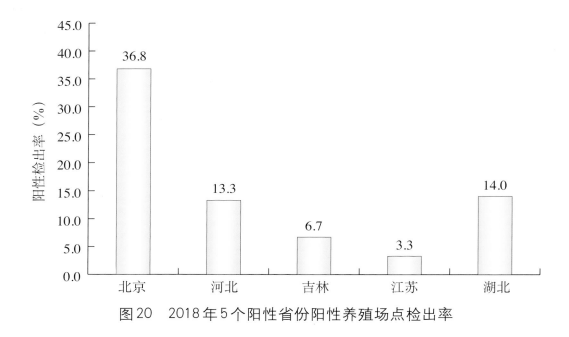

在17省（自治区、直辖市）中，北京、河北、吉林、江苏和湖北5省（自治区、直辖市）检出了阳性样品，5省（自治区、直辖市）的平均阳性养殖场点检出率为13.9%（图20）。

图20　2018年5个阳性省份阳性养殖场点检出率

（3）阳性养殖品种和养殖模式　监测的养殖品种有鲫、金鱼、鲤、草鱼及其他品种鱼类。其中，在鲫和金鱼中检出了阳性样品。阳性养殖场的养殖模式有池塘养殖和工厂化养殖。

监测情况见附录8（5）。

2. 预防控制

农业农村部鲫造血器官坏死病首席专家团队积极跟踪鲫养殖过程中的病害问题，储备开展疫病防控技术研究与技术服务的相关材料；开展了鲫造血器官坏死病免疫预防技术研究和疫苗应用试验；开展了鲫造血器官坏死病诊断与防控技术、安全用药技术等知识培训（图21），接受培训人员810余人；深入湖北、江西、浙江等地养殖生产一线为养殖户提供应急技术指导（图22）。

图21　培训鲫疫病知识和防控技术　　　　图22　提供鲫疫病应急技术指导

（六）传染性造血器官坏死病　>>>>>

1. 监测情况

（1）监测范围　《2018年国家水生动物疫病监测计划》对传染性造血器官坏死病（IHN）的监测范围是北京、河北、辽宁、吉林、黑龙江、山东、贵州、云南、陕西、甘肃、青海和新疆12省（自治区、直辖市），涉及49个区（县）、84个乡（镇）。监测对象是鲑鳟鱼类。

（2）监测结果　12省（自治区、直辖市）共设置监测养殖场点189个，检出阳性19个，平均阳性养殖场点检出率为10.1%。在189个监测养殖场点中，国家级原良种场2个，未检出阳性；省级原良种场12个，4个阳性；苗种场46个，4个阳性；成鱼养殖场128个，11个阳性；引育种中心1个，未检出阳性（图23）。

12省（自治区、直辖市）共采集样品297批次，检出阳性样品24批次。

在12省（自治区、直辖市）中，北京、河北、辽宁、山东、云南、甘肃、青海和新疆8省（自治区、直辖市）检出了阳性样品，8省（自治区、直辖市）的平均阳性养殖场点检出率为11.3%。其中，北京、河北、辽宁、山东、云南、甘肃6个省（直辖市）均为连续监测2年以上（含2年）并持续检出阳性的省（直辖市）（图24）。

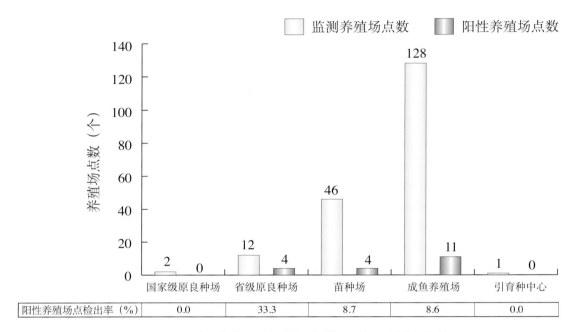

图23　IHN各种类型养殖场点的平均阳性检出情况

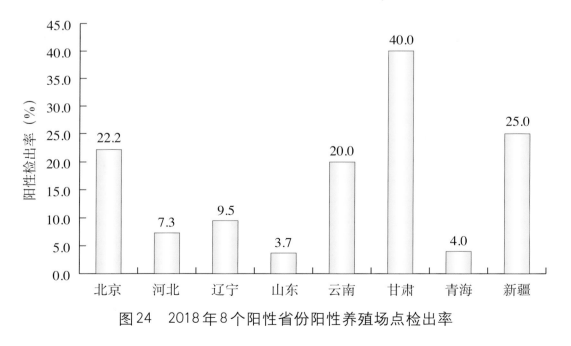

图24　2018年8个阳性省份阳性养殖场点检出率

（3）阳性养殖品种和养殖模式　监测的养殖品种有虹鳟和鲑。其中，阳性样品全部来自虹鳟。阳性养殖场的养殖模式有流水养殖和网箱养殖。

监测情况见附录8（6）。

2. 预防控制

　　青海省渔业环境监测站在辖区内的3家虹鳟鱼苗种场持续进行无IHN疫病苗种场建设试点，通过采取一系列管理措施确保苗种的无疫状态，并要求辖区内所有的虹鳟养殖场必须从无疫场购买苗种。通过几年努力，青海省沿黄水域网箱养殖区基本实现无疫状态，有效促进了虹鳟鱼产业绿色健康发展。此外，农业农村部IHN首席专家团队在北京顺通虹鳟鱼养殖中心继续进行无规定疫病苗种场建设试点，保持场内苗种无疫状态；开展传染性造血器官坏死病毒（IHNV）自家疫苗研究和试验，并取得了阶段性成效（图25）；开展IHN现场调查工作（图26），并进行防控技术培训。

图25　注射疫苗　　　　　图26　IHN首席专家团队开展现场调查

（七）病毒性神经坏死病 >>>>>

1. 监测情况

　　（1）监测范围　《2018年国家水生动物疫病监测计划》对病毒性神

经坏死病（VNN）监测范围是天津、河北、福建、山东、广东、广西和海南7省（自治区、直辖市），涉及42个区（县）、55个乡（镇）。监测对象主要是石斑鱼、大黄鱼、卵形鲳鲹、鲆、鲈（海水）、半滑舌鳎、河鲀、鲷、鲽和鲻10种海水养殖鱼类。

（2）**监测结果** 7省（自治区、直辖市）共设置监测养殖场点141个，检出阳性34个，平均阳性养殖场点检出率为24.1%。在141个监测养殖场点中，国家级原良种场6个，未检出阳性；省级良种场10个，3个阳性；苗种场50个，14个阳性；成鱼养殖场75个，17个阳性（图27）。

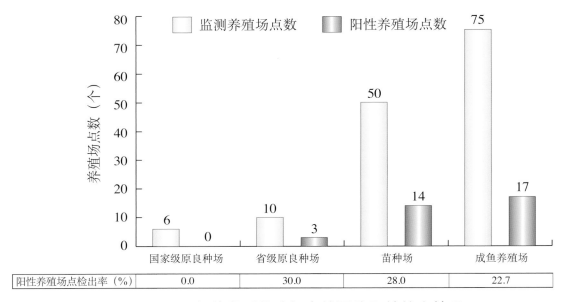

图27 VNN各种类型养殖场点的平均阳性检出情况

7省（自治区、直辖市）共采集样品272批次，检出阳性样品79批次。

在7省（自治区、直辖市）中，天津、河北、福建、广东和海南5省（直辖市）检出了阳性样品，5省的平均阳性养殖场点检出率为32.7%。其中，福建省阳性养殖场点检出率最高，为61.9%（图28）。

（3）**阳性养殖品种和养殖模式** 监测的养殖品种有石斑鱼、鲆、半滑舌鳎、大黄鱼、卵形鲳鲹、河鲀、鲷、鲈（海水）、鲻、鲽。其中，在石斑鱼、鲆、大黄鱼和河鲀中检出了阳性样品。阳性养殖场的养殖模

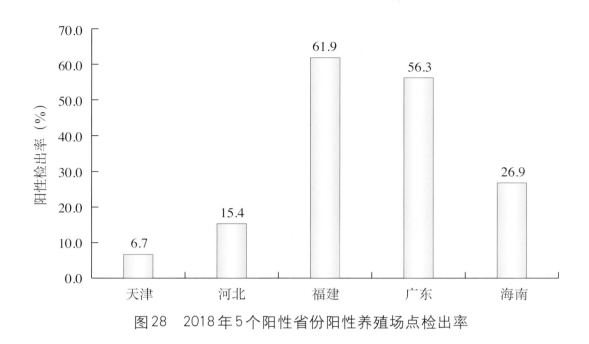

图28　2018年5个阳性省份阳性养殖场点检出率

式有池塘养殖、工厂化养殖和网箱养殖。

监测情况见附录8（7）。

2. 预防控制

农业农村部VNN首席专家团队在福建、海南组织开展海水鱼类VNN流行病学调查，及时了解VNN在我国的流行和危害情况；指导养殖现场采取碘制剂或苯扎溴氨等消毒受精卵、强氯精等消毒养殖用水水源、微生态制剂调节育苗池水以及抗病毒中草药、免疫增强剂和复合维生素内服增强苗种免疫力等防控措施，降低石斑鱼VNN发病率，提高病发后的成活率。此外，还利用E-11和SSN-1细胞系分离鉴定了NNV毒株，开展了分离毒株特性分析；构建了石斑鱼神经坏死病毒逆转录环介导等温扩增（RT-LAMP）检测方法和研制了石斑鱼神经坏死病毒工程疫苗，将快速检测方法和疫苗于石斑鱼养殖现场示范应用；开展了石斑鱼VNN综合防控技术培训，通过课堂授课和现场交流的方式培训养殖户和专业技术人员（图29至图31）。

图29　VNN流行病学调查

图30　石斑鱼苗种样品采集

图31　石斑鱼 VNN 综合防控技术培训

（八）白斑综合征　>>>>>

1. 监测情况

（1）**监测范围** 《2018年国家水生动物疫病监测计划》对白斑综合征（WSD）的监测范围是天津、河北、辽宁、上海、江苏、浙江、安徽、福建、江西、山东、湖北、广东、广西、海南、新疆15省（自治区、直辖市）和新疆生产建设兵团，涉及167个区（县）、329个乡（镇）。监测对象是虾类。

（2）**监测结果** 15省（自治区、直辖市）和新疆生产建设兵团共设置监测养殖场点751个，检出阳性110个，平均阳性养殖场点检出率为

14.6%。在751个监测养殖场点中，国家级原良种场7个，未检出阳性；省级原良种场35个，1个阳性；苗种场332个，21个阳性；成虾养殖场377个，88个阳性（图32）。

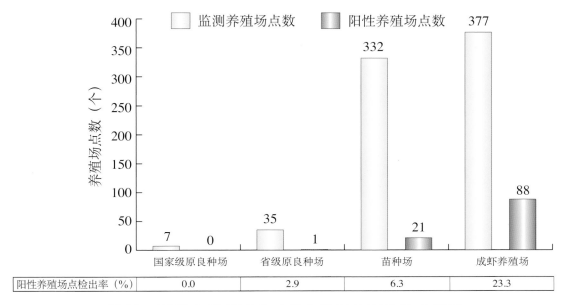

图32 WSD各种类型养殖场点的平均阳性检出情况

15省（自治区、直辖市）和新疆生产建设兵团共采集样品1 002批次，检出阳性样品117批次。

在15省（自治区、直辖市）和新疆生产建设兵团中，天津、河北、辽宁、上海、江苏、浙江、安徽、福建、江西、山东、湖北、广东和广西13省（自治区、直辖市）检出了阳性样品，13省（自治区、直辖市）的平均阳性养殖场点检出率为16.2%。其中，安徽省和湖北省的阳性养殖场点检出率分别为35.1%和58.3%（图33）。

（3）阳性养殖品种和养殖模式 监测的养殖品种有南美白对虾、斑节对虾、中国对虾、日本对虾、罗氏沼虾、脊尾白虾、青虾和克氏原螯虾。其中，除罗氏沼虾和斑节对虾外，其他品种均检出了阳性样品。阳性养殖场的养殖模式有池塘养殖、工厂化养殖和其他养殖。

监测情况见附录8（8）。

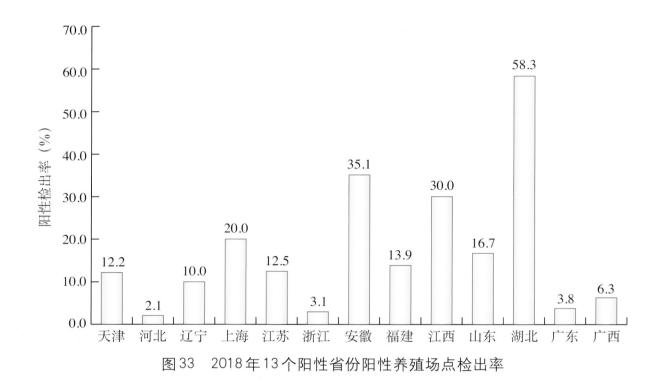

图33　2018年13个阳性省份阳性养殖场点检出率

2. 预防控制

2018年，农业农村部进一步扩大了甲壳类苗种产地检疫试点的范围，持续开展无规定疫病苗种场建设试点，从源头控制疫病发生和传播；国家虾蟹产业技术体系继续针对性、系统性推广生物安保防控措施，并取得了有效成绩；农业农村部WSD、IHHN首席专家团队也持续开展虾类重要疫病分子流行病学研究和生物安保体系应用示范，为虾类重要疫病的净化工作提供了科学依据。此外，农业农村部还组织虾类疫病防控专家对广东省南美白对虾疫情进行紧急调研，形成了"广东省南美白对虾疫情调研报告"，提出了"加强虾苗监管，完善检疫制度""加强技术培训，注重宣传引导""改善养殖环境，加强政策扶植"和"增加科研投入，推进技术合作"的对策，建议应全面提升和普及对虾养殖行业生物安保意识，强化实施苗种产地检疫制度，提升对虾种业生物安保，严格虾类种苗和产品的进口检疫，改善对虾养殖场生物安保，构建养殖业可持续发展模式（图34、图35）。

图34　农业农村部组织开展广东省南美白对虾病害情况调研及现场考察

图35　农业农村部组织开展广东省对虾养殖疫病情况调研及现场考察亲虾饵料的管理技术

（九）传染性皮下和造血器官坏死病 〉〉〉〉〉

1. 监测情况

（1）监测范围　《2018年国家水生动物疫病监测计划》对传染性皮下和造血器官坏死病（IHHN）的监测范围是天津、河北、辽宁、上海、江苏、浙江、福建、山东、广东、广西、海南、新疆12省（自治区、直辖市）和新疆生产建设兵团，涉及115个区（县）、240个乡（镇）。监测对象是虾类。

（2）**监测结果**　12省（自治区、直辖市）和新疆生产建设兵团共设置监测养殖场点623个，检出阳性68个，平均阳性养殖场点检出率为10.9%。在623个监测养殖场点中，国家级原良种场6个，1个阳性；省级原良种场33个，2个阳性；苗种场349个，21个阳性；成虾养殖场235个，44个阳性（图36）。

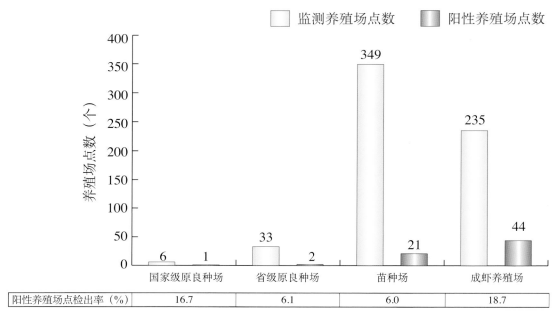

图36　IHHN各种类型养殖场点的平均阳性检出情况

12省（自治区、直辖市）和新疆生产建设兵团共采集样品871批次，检出阳性样品91批次。

在12省（自治区、直辖市）和新疆生产建设兵团中，天津、河北、辽宁、江苏、浙江、福建、山东、广东和海南9省（自治区、直辖市）检出了阳性样品，9省（自治区、直辖市）的平均阳性养殖场点检出率为13.2%（图37）。

（3）**阳性养殖品种和养殖模式**　监测的养殖品种有罗氏沼虾、青

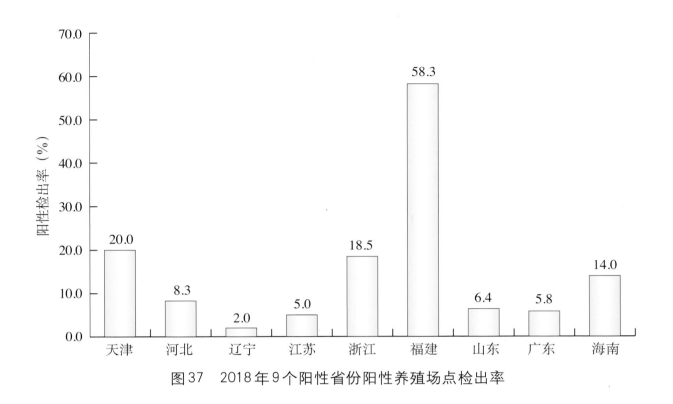

图37　2018年9个阳性省份阳性养殖场点检出率

虾、克氏原螯虾、南美白对虾、斑节对虾、中国对虾、日本对虾和脊尾白虾。其中，在罗氏沼虾、南美白对虾、斑节对虾和日本对虾检出了阳性样品。阳性养殖场的养殖模式有池塘养殖、工厂化养殖和其他养殖。

监测情况见附录8（9）。

2. 预防控制

参考WSD的预防控制。

（十）虾虹彩病毒病　>>>>>

1. 监测情况

（1）监测范围　2018年，全国水产技术推广总站组织天津、河北、辽宁、上海、江苏、浙江、安徽、福建、江西、山东、湖北、广东、广西、海南、新疆15省（自治区、直辖市）和新疆生产建设兵团对虾虹彩病毒病(SHID)进行监测，监测范围涉及185个区（县）、358个乡（镇）。监测对象是南美白对虾、斑节对虾、日本对虾、中国对虾、克氏原螯虾、罗氏沼虾、青虾和脊尾白虾8种主要虾类养殖品种。

（2）**监测结果** 15省（自治区、直辖市）和新疆生产建设兵团共设置监测养殖场点871个，检出阳性123个，平均阳性养殖场点检出率为14.1%。在871个监测点中，国家级原良种场7个，1个阳性；省级原良种场33个，5个阳性；苗种场321个，42个阳性；成虾养殖场510个，75个阳性（图38）。

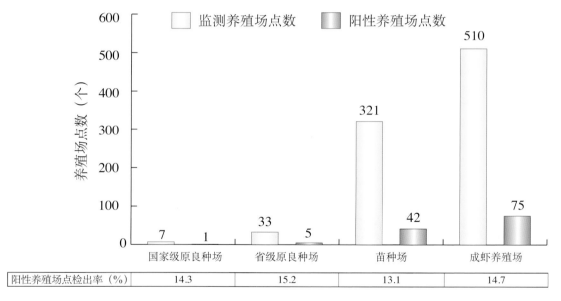

图38　SHID各种类型养殖场点的平均阳性检出情况

15省（自治区、直辖市）和新疆生产建设兵团共采集样品1 255批次，检出阳性样品153批次。

在15省（自治区、直辖市）和新疆生产建设兵团中，天津、上海、江苏、浙江、安徽、福建、湖北、广东和广西9省（自治区、直辖市）均检出阳性样品，9省的平均阳性养殖场点检出率为21.0%。其中，浙江省、安徽省和广东省的阳性养殖场点检出率均高于35%（图39）。

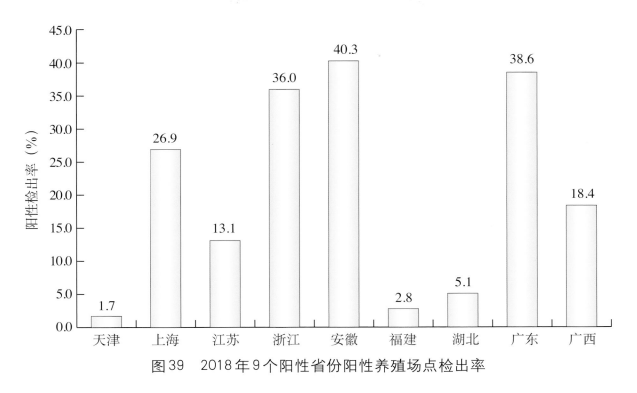

图39　2018年9个阳性省份阳性养殖场点检出率

（3）阳性养殖品种和养殖模式　监测的养殖品种有斑节对虾、中国对虾、南美白对虾、日本对虾、克氏原螯虾、青虾、罗氏沼虾和脊尾白虾。其中，除斑节对虾和中国对虾外，其他品种均检出了阳性样品。阳性养殖场的养殖模式有池塘养殖、工厂化养殖和其他养殖。

监测情况见附录8（10）。

2. 预防控制

2018年，国家虾蟹产业技术体系病害岗位专家团队通过流行病学调查、人工感染实验、病理学研究、病原定量等方法，证实罗氏沼虾、青虾、脊尾白虾和克氏原螯虾均可被虾虹彩病毒感染，表明我国养殖虾类的主要物种普遍受到SHID的威胁。监测结果表明，SHID已扩散到我国虾类主要养殖区域，这也使野生虾类群体面临感染风险。全国水产技术推广总站还组织全国水生动物防疫系统实验室首次开展了SHID检测能力验证，全国37个参测实验室的满意率为91.8%，确认了我国对SHID

的诊断水平，为监测、防控SHID奠定了基础（图40）。

图40　对虾育苗场饵料沙蚕的净化操作程序考察和罗氏沼虾养殖场的样品采集

（十一）虾肝肠胞虫病　〉〉〉〉〉

1. 监测情况

（1）**监测范围**　2018年，全国水产技术推广总站组织天津、河北、辽宁、上海、江苏、浙江、安徽、福建、江西、山东、湖北、广东、广西、海南、新疆15省（自治区、直辖市）和新疆生产建设兵团对虾肝肠胞虫病（EHPD）进行监测，监测范围涉及184个区（县）、363个乡（镇）。监测对象是澳洲龙虾、斑节对虾、脊尾白虾、克氏原螯虾、罗氏沼虾、南美白对虾、青虾、日本对虾和中国对虾9种我国海、淡水养殖的主要虾类。

（2）**监测结果**　15省（自治区、直辖市）和新疆生产建设兵团共设置监测养殖场点895个，检出阳性215个，平均阳性养殖场点检出率为24.0%。在895个监测养殖场点中，国家级原良种场7个，1个阳性；省级原良种场33个，7个阳性；苗种场321个，57个阳性；成虾养殖场534个，150个阳性（图41）。

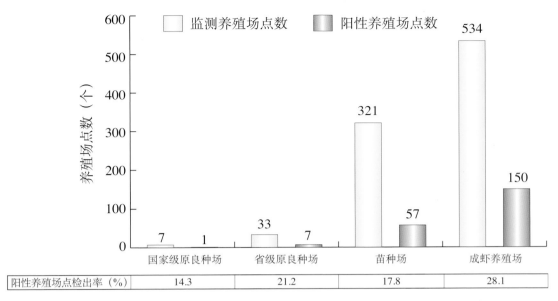

	国家级原良种场	省级原良种场	苗种场	成虾养殖场
阳性养殖场点检出率（%）	14.3	21.2	17.8	28.1

图41　EHPD各种类型养殖场点的平均阳性检出情况

15省（自治区、直辖市）和新疆生产建设兵团共采集样品1 283个，检出阳性样品288批次。

在15省（自治区、直辖市）和新疆生产建设兵团中，天津、河北、辽宁、上海、江苏、浙江、安徽、福建、山东、湖北、广东、广西、海南、新疆14省（自治区、直辖市）和新疆生产建设兵团检出了阳性样品，14省（自治区、直辖市）和新疆生产建设兵团的平均阳性养殖场点检出率为24.4%。其中，上海市、福建省和广东省的阳性养殖场点检出率分别为60.0%、66.7%和48.6%（图42）。

（3）阳性养殖品种和养殖模式　监测的养殖品种有澳洲龙虾、斑节对虾、脊尾白虾、克氏原螯虾、罗氏沼虾、南美白对虾、青虾、日本对虾和中国对虾。其中，除澳洲龙虾、脊尾白虾、罗氏沼虾和日本对虾外，其他品种均检出了阳性样品。阳性养殖场的养殖模式有池塘养殖、工厂化养殖和其他养殖。

监测情况见附录8（11）。

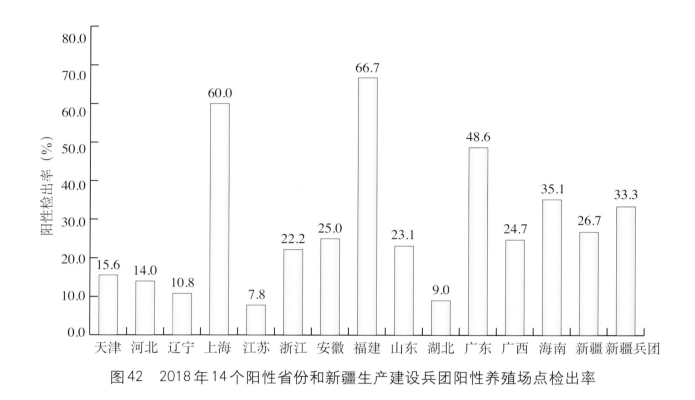

图42　2018年14个阳性省份和新疆生产建设兵团阳性养殖场点检出率

2. 预防控制

2018年，黄海水产研究所分别在海南对虾育苗场和浙江对虾养殖场开展了生物安保体系应用示范，积极提倡采用生物安保措施防控疫病。其中，实施生物安保示范的浙江对虾养殖场自育虾苗实现了无EHPD阳性检出，养殖产量亩产3 000千克以上，达该养殖场历史最高水平。全国水产技术推广总站还组织全国水生动物防疫系统实验室首次开展了EHPD检测能力验证，全国50个参测实验室的满意率为96%，确认了我国对EHPD的诊断水平，为监测、防控EHPD奠定了基础（图43）。

图43　农业农村部组织专家开展育苗场调研及养殖场对虾生物安保指导工作

三、进出境水生动物疫病防控

2018年，国家海关总署继续组织实施《2018年进出境水生动物疫病监测计划》，该计划自2010年开始已经连续实施了9年。监测计划涉及鱼类、甲壳类、软体类、两栖和爬行类动物等五大监测种类、31个疫病监测项目（表6）。

表6　进出境水生动物疫病监测计划监测的种类和疫病

监测养殖种类	鱼　类	甲壳类	软体类	两栖和爬行类
监测疫病名称	流行性造血器官坏死病、丝囊霉菌感染、大西洋鲑鱼三代虫感染、鲑传染性贫血病毒感染、鲑甲病毒感染、传染性造血器官坏死病、锦鲤疱疹病毒病、真鲷虹彩病毒病、鲤春病毒血症、病毒性出血性败血症、病毒性神经坏死病、金鱼造血器官坏死病	黄头病毒感染、传染性皮下和造血器官坏死病、传染性肌肉坏死病、坏死性肝胰腺炎、桃拉综合征、白斑综合征、急性肝胰腺坏死病、白尾病、螯虾瘟	鲍鱼疱疹病毒感染、牡蛎包纳米虫感染、杀蛎包纳米虫感染、折光马尔太虫感染、海水派琴虫感染、奥尔森派琴虫感染、加州念珠菌感染、牡蛎疱疹病毒感染、白斑综合征	蛙病毒感染、箭毒蛙壶菌感染
疫病数量	12	9	9	2

（一）进境水生动物疫病防控　>>>>>

2018年，共采集进口样品3 664份，涵盖63个来源国家或地区，获得7 326个检测数据，检出阳性结果80个，包括白斑综合征、病毒性神经坏死病、真鲷虹彩病毒病、急性肝胰腺坏死病、白尾病、传染性皮下和造血器官坏死病及折光马尔太虫感染7种疫病。

对病原阳性进口水生动物，相关直属海关根据《进境水生动物检验检疫监督管理办法》相关规定，监督企业对同一隔离设施内全部水生动物进行扑杀或销毁，并对隔离场进行消毒处理。海关总署根据检出的疫病的风险等级，分别采取提高监测比例、扣留检测等检验检疫加严措施，直至暂停进口，严防境外水生动物疫病传入我国。

（二）出境水生动物疫病防控　>>>>>

2018年，共采集出口样品968份，获得1 681个检测数据，检出阳性结果22个，包括白斑综合征、病毒性神经坏死病、螯虾瘟、真鲷虹彩病毒病4种疫病。

对病原阳性出口水生动物，相关直属海关根据注册养殖场或水域情况，扩大采样范围。同时，按照《出境水生动物检验检疫监督管理办法》有关规定及时将结果上报海关总署，通报地方政府主管部门并协助地方政府主管部门开展相关调查。要求养殖场加强养殖管理，落实各项预防措施，严格按技术规范做好疫病防控工作，必要时按要求取消出口注册资质。

四、水生动物疫病防控机制建设

（一）不断强化防疫体系能力建设　>>>>>

为提高水生动物防疫体系能力，2018年，农业农村部继续组织开展了水生动物防疫系统实验室检测能力验证。对鲤春病毒血症、锦鲤疱疹病毒病、鲤浮肿病、草鱼出血病、鲫造血器官坏死病、传染性造血器官坏死病、罗非鱼湖病毒病、白斑综合征、传染性皮下和造血器官坏死病、虾虹彩病毒病、虾肝肠胞虫病11种疫病病原实验室的检测能力进行验证。全国共有153家单位报名参加，其中，137家单位实验室相应疫病检测项目结果被认可满意（表7）。全国水产技术推广总站针对能力验证过程中出现的技术问题，举办了"2018年水生动物防疫系统实验室技术培训班"，来自全国水生动物防疫系统实验室的技术人员约140余人参加了培训（图44）。

表7 2018年水生动物防疫实验室检测能力验证情况

项　目	参加单位数	取得满意结果单位数	参测项目数	取得满意结果项目数	项目满意率（％）
鲤春病毒血症	38	34	38	34	89
锦鲤疱疹病毒病	74	67	74	67	91
鲤浮肿病	27	19	27	19	70
草鱼出血病	35	26	35	26	74
鲫造血器官坏死病	65	58	65	58	89
传染性造血器官坏死病	29	20	29	20	69
罗非鱼湖病毒病	30	28	30	28	93
白斑综合征	116	107	116	107	92
传染性皮下和造血器官坏死病	82	72	82	72	88
虾虹彩病毒病	37	34	37	34	92
虾肝肠胞虫病	50	48	50	48	96
合计	—	—	583	513	88

图44　2018年水生动物防疫系统实验室技术培训

（二）持续开展病害监测预警和防控技术服务　〉〉〉〉〉

2018年，全国水产技术推广总站继续组织全国30个省（自治区、直辖市）水生动物疫病预防控制机构（水产技术推广机构）和新疆生产建设兵团水产技术推广总站，按照《水产养殖动植物疾病测报规范》（SC/T 7020—2016），开展全国水产养殖动植物病情测报工作。全国共设置测报点4 571个，参与监测人员6 000余人。其中，一线测报员2 669人，监测养殖面积约31万公顷。通过对监测信息统计和分析，在4—10月病害高发期，组织开展病害预测预报，并通过"中国农业信息网"、《中国水产》《中国渔业报》及中国水产APP等报刊杂志网络微信平台发布，服务养殖生产。

另外，全国水产技术推广总站负责运行的"全国水生动物疾病远程辅助诊断服务网"已经覆盖全国各省(自治区、直辖市、计划单列市)及新疆生产建设兵团，通过该平台，为基层技术人员提供自助诊断和辅助诊断技术服务。截至2018年年底，累计访问近70万人次，免费为基层技术人员诊断病例7 300余次，连续6年被农业农村部列入为农民办理的实事之一。该技术成果也获得了"第四届中国水产学会范蠡科学技术奖"技术推广类一等奖。

（三）水生动物防疫标准体系建设　>>>>>

2018年，第四届全国水生动物防疫标准化技术工作组，组织专家分别对《斑节对虾杆状病毒病诊断规程PCR检测法》《鲤鱼浮肿病诊断规程》等10项国家标准和7项行业标准进行了审定。其中，《斑节对虾杆状病毒病诊断规程PCR检测法》等8项国标和7项行标通过审定（图45）。

图45　2018年水生动物防疫标准审定

（四）产、学、研、管、推（疫控）联防联控　>>>>>

利用农业农村部水产养殖病害防治专家委员会的平台，充分发挥各部门、各专业领域的专家资源优势，强化产、学、研、管、推（疫控）等部门的联合防控机制，联手应对水产动物疫病防控的重大关键问题。2018年6月，农业农村部组织专家委员会甲壳类贝类组相关专家，针对南美白对虾病害频发的状况，开展实地调研，对形势进行分析和研判，并研究提出了防控措施建议（图46）。

图46　农业农村部组织调研南美白对虾疫情

（五）全国水生动物疫病防控工作分析与评估　>>>>>

2018年11月，农业农村部渔业渔政管理局会同全国水产技术推广总站在江苏南京组织召开了"2018年全国水生动物防疫工作座谈会暨第二届农业农村部水产养殖病害防治专家委员会第二次全体会议"。农业农村部渔业渔政管理局副局长李书民出席并讲话。来自全国各地渔业主管部门、水产技术推广、水生动物疫病防控机构的负责人及第二届农业农村部水产养殖病害防治专家委员会全体专家约130人参加了会议。

会议认为，2018年全国水生动物疫病防控工作在扎实落实疫病监测基础性工作、探索水产苗种产地检疫试点等管理制度、强化体系能力建设、国际交流合作、水生动物无规定疫病苗种场建设等方面取得有效成绩。会议指出，水生动物疫病防控工作需要管理措施加技术手段并举，需要行政、疫控、技术推广、科研、高校以及外检等相关部门齐心协力，加强协作，密切配合，共同努力。会议要求，今后各级渔业主管部门要尽快健全水生动物防疫各项制度，持续推进苗种产地检疫工作，全面加强疫情监测和处置工作，积极争取政策支持措施；各级疫控推广机构要不断提高疫病防控工作水平，努力健全各级疫控机构，积极开展部门间合作协作，逐步加大防疫工作宣传推广；各位专家要尽心尽力为防疫工作谏言献策，积极参与法律法规标准制修订，加快疫病防控技术研究和宣传，持续开展对外交流与合作（图47）。

图47　2018年全国水生动物防疫工作座谈会暨第二届农业农村部水产养殖病害防治专家委员会第二次全体会议

第四章　科技成果及国际交流合作

一、科技成果

近年来，我国水生动物防疫队伍围绕疫病防控瓶颈问题，深入研究和试验，取得了有效成绩，解决了很多实际难题，多项重要科研成果获得省部级奖励，如"大菱鲆疾病综合控制技术及示范推广""养殖刺参疾病防控技术及示范推广""水产养殖经济动物病害图谱诊治实用技术""南海主要海水养殖鱼类免疫机制及其在免疫防治中的应用""北方地区淡水主养鱼类出血病综合防治技术""草鱼出血病新病原株确证及综合防控技术研究与示范""东北地区淡水鱼源嗜水气单胞菌特性及菌蜕疫苗研究""斑点叉尾鮰肾脏细胞系建立及其呼肠孤病毒分离鉴定""贺江等足类寄生虫病防治技术研究""鲫脑组织细胞系的建立及鲤疱疹病毒Ⅱ型的分离鉴定"等。

2018年，在集成主要经济养殖品种重要疫病的防控技术并推广示范、建立生物安保防控技术体系并实践应用、开展新发疫病病原学和流行病学研究、研发快速高通量诊断技术、建设国家水生动物病原库和鱼类细胞资源库等方面取得重要进展。据不完全统计，2018年水生动物病害防治领域获批国家一类新兽药证书1项，获农业农村部兽用生物制品临床试验批件1项，获奖励3项，授权国际发明专利1项，国家发明专利22项，实用新型专利2项等（附录9）。

二、国际交流合作

2018年，我国继续加强水生动物防疫国际合作与交流，认真履行水生动物卫生领域国际义务，积极参与相关国际标准的制修订，努力维护我国作为水产养殖大国和水产品贸易大国的权益，进一步夯实了我国作为水产养殖大国在水生动物卫生领域的国际地位。

（一）与OIE的交流合作 >>>>>

我国自2007年恢复在OIE的合法权益后，认真履行成员的义务责任，不断彰显我国在水生动物领域的学术水平和国际地位。及时准确向OIE通报水生动物疫情信息，并积极参与OIE举办的相关会议和活动。

2018年5月，我国OIE亚太区水生动物定点联系人、全国水产技术推广总站疫病防控处处长李清和相关专家，在北京集中对OIE《水生动物卫生法典》《水生动物诊断试验手册》拟修订的内容进行了评议，提出了30余条评议意见并形成文字材料，重点对"生物安保"和"易感种类"等概念进行了说明（图48、图49）。

2018年5月，OIE第86届大会在巴黎召开。我国农业农村部水产养殖病害防治专家委员会委员刘荭博士当选为OIE水生动物卫生标准委员会委员。这标志着我国水生动物卫生工作的国际地位日益提升，也将有效增加我国在相关国际领域的话语权。

2018年11月，第17次亚洲区域水生动物卫生咨询组会议（AGM17）和OIE区域水生动物疫病诊断和控制专家磋商会在泰国曼谷举行（图50、图51）。我国OIE水生动物定点联系人、全国水产技术推广总站疫病防控处处长李清，OIE水生动物委员会委员、深圳海关刘荭博士，亚洲区域水生动物卫生咨询组特邀专家、中国水产科学研究院黄海水产研究所梁艳博士受邀参加会议并分别做了报告。会议指出，各成员应采用兽医体系效能评估标准(PVS)工具，对国家水生动物卫生管理机制和性能开展自我评价，以更好地提升国家水生动物卫生管理能力等。

图48 评议会工作现场

图49 参加评议的专家合影

图50　第17次亚洲区域水生动物卫生咨询组会议与会代表合影

图51　OIE区域水生动物疫病诊断和控制专家磋商会与会代表合影

　　会上，我国代表介绍了中国水生动物防疫体系建设、队伍建设、疫病监测、标准制修订和技术服务等方面开展的工作，以及中国水生动物疫病防控思路等。OIE专家对中国依据水生动物疫病对养殖业生产和危害程度采取分类管理，突发疫情时组织专家现场采样，开展调查，并在"一带一路"倡议下，以培训学员和技术援助等多种方式，对东南亚地区水产养殖业的健康发展做出的突出贡献等给予了充分肯定。

2018年12月，OIE召开亚太区水生动物卫生标准委员会视频电话会议，我国OIE水生动物定点联系人、全国水产技术推广总站李清处长主持国内分会场会议，OIE水生动物卫生标准委员会委员深圳海关刘荭博士，以及中国动物卫生与流行病学中心、中国水产科学研究院黄海水产研究所等单位的有关专家出席（图52）。会议介绍了OIE《水生动物卫生标准委员会会议报告》、各成员对《水生动物卫生法典》《水生动物诊断试验手册》评议意见的采纳情况等。其中，我国专家提出的在《水生法典》中增加"生物安保"章节，明确并统一术语"病原体"的定义，将水生和陆生疾病章节题目和定义进行统一等得到了采纳。

图52 视频电话会议现场

（二）与FAO的交流合作 〉〉〉〉〉

2018年6月，由联合国粮食与农业组织（FAO）主办，全国水产技术推广总站承办，中山大学和中国-东盟海水养殖技术联合研究与推广中心协办的FAO罗非鱼湖病毒病防控技术国际培训班在广州举行。这是继2017年我国参与完成"联合国粮食及农业组织对虾疫病防控能力建设"项目之后，再次与FAO联手开展的国际水生动物防疫能力建设工作。来自国内外的10余名有关专家进行了授课，东南亚六国、巴西、秘鲁等罗非鱼主要养殖国，以及福建、广东、广西、海南省（自治区）水产技术推广（水生动物疫病预防控制）机构相关技术人员20余人参加了此次培训（图53）。

图53　培训班学员合影

　　培训班上，专家们介绍了罗非鱼的生物学特性和各国的养殖情况；交流了罗非鱼湖病毒病的病理学、检测方法和检疫；讲授了对罗非鱼湖病毒病进行流行病学分析、主动监测等方法；并指导学员进行了罗非鱼解剖、组织取样、RT-PCR和实时定量检测等实验操作；讲解了组织病理学切片观察，演示了罗非鱼湖病毒快速试剂盒检测等。

此次培训班为提高全球水生动物疫病防控能力、应对罗非鱼湖病毒病的防控、加强国际合作与交流奠定了良好的基础，并进一步锻炼了我国水产推广系统的技术人员，强化了他们的疫病诊断能力、对新发疫病的防范意识和对外交流能力，同时，提升了我国在水生动物疫病防控领域的国际影响力。

（三）　与东盟国家的交流合作　>>>>>

2018年11月，以中国水产科学研究院副院长刘英杰为团长的中方代表团一行6人赴越南、泰国等国家开展渔业科技交流与合作。

代表团在越南期间，与越南第一水产养殖研究所进行了交流（图54），就拟共建联合研究中心、开展疫病区域联防联控技术和人员技术培训等方面的合作达成了初步意向。

图54　越南交流合影

在泰国期间，与泰国农业大学、玛希隆大学就细胞培养、疫苗研制等方面进行了深入交流，拟对申报国际项目、人员互访与培训等事项初步达成合作意向；还与亚太水产养殖中心网（NACA）总部就2019年在中国举办NACA年会事宜进行了详细讨论及部署（图55）。

图55　拜访NACA总部合影

此次出访交流，了解了东南亚中南半岛三国的渔业和水产养殖情况，掌握了东南亚国家在水产养殖发展过程中的技术需求和产业需求，初步梳理了合作的方向和内容，探讨了合作的方式，为推进我国与东南亚的渔业合作奠定了基础。

附　　录

附录1　《全国动植物保护能力提升工程建设规划（2017—2025年）》水生动物疫病防控监测网项目启动情况

序号	项目名称	建设性质	项目建设进展情况
（一）国家级项目（规划2个）			
1	国家流行病学中心建设项目	新建	筹备中
2	国家水生动物疫病监测参考物质中心建设项目	新建	建设中
（二）省级项目（规划29个）			
1	天津市水生动物疫病监控中心建设项目	新建	建设中
2	河北省水生动物疫病监控中心建设项目	续建	建设中
3	山西省水生动物疫病监控中心建设项目	新建	建设中
4	内蒙古自治区水生动物疫病监控中心建设项目	新建	建设中
5	辽宁省水生动物疫病监控中心建设项目	续建	建设中
6	吉林省水生动物疫病监控中心建设项目	新建	建设中

（续）

序号	项目名称	建设性质	项目建设进展情况
7	黑龙江省水生动物疫病监控中心建设项目	新建	建设中
8	上海市水生动物疫病监控中心建设项目	新建	建设中
9	浙江省水生动物疫病监控中心建设项目	续建	建设中
10	安徽省水生动物疫病监控中心建设项目	续建	筹备中
11	福建省水生动物疫病监控中心建设项目	续建	筹备中
12	江西省水生动物疫病监控中心建设项目	续建	建设中
13	山东省水生动物疫病监控中心建设项目	续建	筹备中
14	河南省水生动物疫病监控中心建设项目	新建	建设中
15	湖北省水生动物疫病监控中心建设项目	续建	筹备中
16	湖南省水生动物疫病监控中心建设项目	续建	筹备中
17	广东省水生动物疫病监控中心建设项目	新建	筹备中
18	广西壮族自治区水生动物疫病监控中心建设项目	续建	筹备中
19	海南省水生动物疫病监控中心建设项目	续建	筹备中
20	重庆市水生动物疫病监控中心建设项目	新建	建设中
21	四川省水生动物疫病监控中心建设项目	续建	筹备中
22	贵州省水生动物疫病监控中心建设项目	新建	建设中
23	云南省水生动物疫病监控中心建设项目	新建	建设中
24	陕西省水生动物疫病监控中心建设项目	新建	筹备中
25	甘肃省水生动物疫病监控中心建设项目	新建	建设中
26	青海省水生动物疫病监控中心建设项目	新建	筹备中
27	宁夏回族自治区水生动物疫病监控中心建设项目	新建	建设中
28	新疆维吾尔自治区水生动物疫病监控中心建设项目	新建	筹备中

（续）

序号	项目名称	建设性质	项目建设进展情况
29	新疆生产建设兵团水生动物疫病监控中心建设项目	新建	筹备中
（三）区域项目（规划46个，其中河北2个、辽宁4个、江苏4个、浙江4个、安徽3个、福建4个、江西3个、山东4个、河南2个、湖北4个、湖南3个、广东4个、广西3个、四川2个）			
1	唐山市水生动物疫病监控中心建设项目	新建	建设中
2	锦州市水生动物疫病监控中心建设项目	新建	建设中
3	连云港市水生动物疫病监控中心建设项目	新建	建设中
4	九江市水生动物疫病监控中心建设项目	新建	建设中
5	信阳市水生动物疫病监控中心建设项目	新建	建设中
6	黄冈市水生动物疫病监控中心建设项目	新建	建设中
7	常德市水生动物疫病监控中心建设项目	新建	建设中
8	广元市水生动物疫病监控中心建设项目	新建	建设中
9	大连市水生动物疫病监控中心建设项目	新建	建设中

附录2 《全国动植物保护能力提升工程建设规划（2017—2025年）》水生动物疫病研究项目启动情况

序号	项目名称	依托单位	项目建设进展情况
（一）水生动物疫病综合实验室建设项目（规划5个）			
1	水生动物疫病综合实验室建设项目	江苏省水生动物疫病预防控制中心（江苏省渔业技术推广中心）	建设中
2	水生动物疫病综合实验室建设项目	中国水产科学研究院长江水产研究所	建设中
3	水生动物疫病综合实验室建设项目	中国水产科学研究院珠江水产研究所	建设中
4	水生动物疫病综合实验室建设项目	中国水产科学研究院黄海水产研究所	筹备中
5	水生动物疫病综合实验室建设项目	福建省淡水水产研究所	筹备中
（二）水生动物疫病专业试验基地建设项目（规划4个）			
1	水生动物疫病专业试验基地建设项目	中国水产科学研究院东海水产研究所	建设中
2	水生动物疫病专业试验基地建设项目	中国水产科学研究院南海水产研究所	筹备中
3	水生动物疫病专业试验基地建设项目	中国水产科学研究院淡水渔业研究中心	筹备中
4	水生动物疫病专业试验基地建设项目	中国水产科学研究院黑龙江水产研究所	筹备中
（三）水生动物疫病专业实验室建设项目（规划12个）			
1	水生动物疫病专业实验室建设项目	浙江省淡水水产研究所	已建成

（续）

序号	项目名称	依托单位	项目建设进展情况
2	水生动物疫病专业实验室建设项目	中国水产科学研究院南海水产研究所	建设中
3	水生动物疫病专业实验室建设项目	中国水产科学研究院淡水渔业研究中心	建设中
4	水生动物疫病专业实验室建设项目	中国水产科学研究院东海水产研究所	筹备中
5	水生动物疫病专业实验室建设项目	中国水产科学研究院黑龙江水产研究所	筹备中
6	水生动物疫病专业实验室建设项目	天津市水生动物疫病预防控制机构	筹备中
7	水生动物疫病专业实验室建设项目	广东省水生动物疫病预防控制机构	筹备中
8	水生动物疫病专业实验室建设项目	中山大学	筹备中
9	水生动物疫病专业实验室建设项目	中国海洋大学	筹备中
10	水生动物疫病专业实验室建设项目	华中农业大学	筹备中
11	水生动物疫病专业实验室建设项目	华东理工大学	筹备中
12	水生动物疫病专业实验室建设项目	上海海洋大学	筹备中
（四）水生动物疫病综合试验基地建设项目（规划3个）			
1	水生动物疫病综合试验基地建设项目	中国水产科学研究院黄海水产研究所	筹备中
2	水生动物疫病综合试验基地建设项目	中国水产科学研究院长江水产研究所	筹备中
3	水生动物疫病综合试验基地建设项目	中国水产科学研究院珠江水产研究所	筹备中
（五）水生动物外来疫病分中心建设项目（规划1个）			
1	水生动物外来疫病分中心建设项目	中国水产科学研究院黄海水产研究所	筹备中

附录3 各渔业产业技术体系首席科学家及病害岗位科学家名单

序号	体系名称	首席科学家		疾病防控研究室（病虫害防控研究室）		
		姓名	工作单位	岗位名称	姓名	工作单位
1	大宗淡水鱼	戈贤平	中国水产科学研究院淡水渔业研究中心	病毒病防控	曾令兵	中国水产科学研究院长江水产研究所
				细菌病防控	石存斌	中国水产科学研究院珠江水产研究所
				寄生虫病防控	王桂堂	中国科学院水生生物研究所
				中草药渔药产品开发	谢骏	中国水产科学研究院淡水渔业研究中心
				渔药研发与临床应用	吕利群	上海海洋大学
2	特色淡水鱼	杨弘	中国水产科学研究院淡水渔业研究中心	病毒病防控	翁少萍	中山大学
				细菌病防控	姜兰	中国水产科学研究院珠江水产研究所
				寄生虫病防控	顾泽茂	华中农业大学
				环境胁迫性疾病防控	李文笙	中山大学
				绿色药物研发与综合防控	聂品	中国科学院水生生物研究所
3	海水鱼	关长涛	中国水产科学研究院黄海水产研究所	病毒病防控	秦启伟	华南农业大学
				细菌病防控	王启要	华东理工大学
				寄生虫病防控	李安兴	中山大学
				环境胁迫性疾病与综合防控	陈新华	福建农林大学

（续）

序号	体系名称	首席科学家		疾病防控研究室（病虫害防控研究室）		
		姓名	工作单位	岗位名称	岗位科学家	
					姓名	工作单位
4	虾蟹	何建国	中山大学	病毒病防控	杨丰	自然资源部第三海洋研究所
				细菌病防控	黄健	中国水产科学研究院黄海水产研究所
				寄生虫病防控	陈启军	沈阳农业大学
				靶位与药物开发	李富花	中国科学院海洋研究所
				虾病害生态防控	何建国	中山大学
				蟹病害生态防控	郭志勋	中国水产科学研究院南海水产研究所
5	贝类	张国范	中国科学院海洋研究所	病毒病防控	王崇明	中国水产科学研究院黄海水产研究所
				细菌病防控	宋林生	大连海洋大学
				寄生虫病防控	王江勇	中国水产科学研究院南海水产研究所
				环境胁迫性疾病防控	李莉	中国科学院海洋研究所
6	藻类	逢少军	中国科学院海洋研究所	病害防控	莫照兰	中国水产科学研究院黄海水产研究所
				有害藻类综合防控	王广策	中国科学院海洋研究所

附录4　第二届农业农村部（原农业部）水产养殖病害防治专家委员会名单

序号	姓名	性别	工作单位	职务/职称
主任委员				
1	李书民	男	农业农村部渔业渔政管理局	副局长
副主任委员				
2	何建国	男	中山大学海洋科学学院	教授
3	战文斌	男	中国海洋大学水产学院	教授
顾问委员				
4	江育林	男	中国检验检疫科学研究院动物检疫研究所	研究员
5	陈昌福	男	华中农业大学水产学院	教授
6	张元兴	男	华东理工大学生物工程学院	教授
秘书长				
7	李　清	女	全国水产技术推广总站　中国水产学会	处长/研究员
委员（按姓名笔画排序）				
8	丁雪燕	女	浙江省水产技术推广站	站长/推广研究员
9	王江勇	男	中国水产科学研究院南海水产研究所	研究员
10	王启要	男	华东理工大学生物工程学院	副院长/教授
11	王桂堂	男	中国科学院水生生物研究所	研究员
12	王崇明	男	中国水产科学研究院黄海水产研究所	研究员
13	石存斌	男	中国水产科学研究院珠江水产研究所	研究员
14	卢彤岩	女	中国水产科学研究院黑龙江水产研究所	研究员
15	冯守明	男	天津市水生动物疫病预防控制中心	副主任/正高工

（续）

序号	姓名	性别	工作单位	职务/职称
16	吕利群	男	上海海洋大学水产与生命学院	病原库主任/教授
17	刘荭	女	深圳海关食品检验检疫技术中心	主任/研究员
18	孙金生	男	天津渤海水产研究所	所长/研究员
19	李安兴	男	中山大学生命科学学院	教授
20	吴绍强	男	中国检验检疫科学研究院动物检疫研究所	副所长/研究员
21	沈锦玉	女	浙江省淡水水产研究所	研究员
22	宋林生	男	大连海洋大学	校长/研究员
23	张利峰	男	北京出入境检验检疫局	研究员
24	陈辉	男	江苏省渔业技术推广中心	副主任/研究员
25	陈家勇	男	农业农村部渔业渔政管理局	处长
26	房文红	男	中国水产科学研究院东海水产研究所	处长/研究员
27	秦启伟	男	华南农业大学海洋学院	院长/教授
28	顾泽茂	男	华中农业大学水产学院	院长助理/教授
29	徐立蒲	男	北京市水产技术推广站	研究员
30	黄健	男	中国水产科学研究院黄海水产研究所	研究员
31	黄志斌	男	中国水产科学研究院珠江水产研究所	处长/研究员
32	龚晖	男	福建省农业科学院生物技术研究所	研究员
33	彭开松	男	安徽农业大学动物科技学院	水产系副主任/副教授
34	鲁义善	男	广东海洋大学水产学院	副院长/教授
35	曾令兵	男	中国水产科学研究院长江水产研究所	主任/研究员
36	鄢庆枇	男	集美大学水产学院	教授
37	樊海平	男	福建省淡水水产研究所	研究员

附录5　第四届全国水生动物防疫标准化技术工作组专家委员名单

序号	工作组职务	姓名	工作单位	职务／职称
1	主任委员	张　锋	全国水产技术推广总站 中国水产学会	党委书记、副站长
2	副主任委员	何建国	中山大学海洋学院	教授
3	副主任委员	战文斌	中国海洋大学水产学院	副主任/教授
4	秘书长	李　清	全国水产技术推广总站 中国水产学会	处长/研究员
5	委员	郭　薇	部渔政渔业管理局科技处	调研员
6	委员	曾　昊	部渔政渔业管理局养殖处	副处长
7	委员	王　庆	中国水产科学研究院 珠江水产研究所	主任/研究员
8	委员	王江勇	中国水产科学研究院 南海水产研究所	主任/研究员
9	委员	王桂堂	中国科学院水生生物研究所	主任/研究员
10	委员	卢彤岩	中国水产科学研究院 黑龙江水产研究所	研究员
11	委员	吕利群	上海海洋大学 国家水生动物病原库	主任/教授
12	委员	刘　彤	大连市水产技术推广总站	副站长/研究员
13	委员	刘　荭	深圳海关食品检验检疫技术中心	主任/研究员
14	委员	杜小丽	天津市农委水产办	调研员
15	委员	杨　冰	中国水产科学研究院 黄海水产研究所	副研究员
16	委员	肖光明	湖南省畜牧水产局	处长/研究员
17	委员	沈锦玉	浙江省淡水水产研究所	研究员
18	委员	张利峰	北京出入境检验检疫局检验检疫技术中心	研究员

（续）

序号	工作组职务	姓名	工作单位	职务／职称
19	委员	张朝晖	江苏省渔业技术推广中心	主任/研究员
20	委员	陈孝煊	华中农业大学水产学院	教授
21	委员	陈启军	沈阳农业大学	校长/教授
22	委员	欧阳敏	江西省水产技术推广站	站长/研究员
23	委员	莫照兰	中国水产科学研究院黄海水产研究所	研究员
24	委员	徐立蒲	北京市水产技术推广站	研究员
25	委员	陈　朋	新疆水产技术推广总站	高级工程师
26	委员	黄　健	中国水产科学研究院黄海水产研究所	研究员
27	委员	蒋火金	北京渔经生物技术有限责任公司	总经理
28	委员	曾令兵	中国水产科学研究院长江水产研究所	主任/研究员
29	委员	樊海平	福建省淡水水产研究所	研究员

附录6 水生动物防疫标准

（1）国家标准

序号	标准名称	标准号
甲壳类防疫相关标准		
1	白斑综合征（WSD）诊断规程 第1部分：核酸探针斑点杂交检测法	GB/T 28630.1—2012
2	白斑综合征（WSD）诊断规程 第2部分：套式PCR检测法	GB/T 28630.2—2012
3	白斑综合征（WSD）诊断规程 第3部分：原位杂交检测法	GB/T 28630.3—2012
4	白斑综合征（WSD）诊断规程 第4部分：组织病理学诊断法	GB/T 28630.4—2012
5	白斑综合征（WSD）诊断规程 第5部分：新鲜组织的T-E染色法	GB/T 28630.5—2012
6	对虾传染性皮下及造血组织坏死病毒(IHHNV)检测PCR法	GB/T 25878—2010
贝类防疫相关标准		
7	派琴虫病诊断操作规程	GB/T 26618—2011
8	鲍疱疹病毒病诊断规程	GB/T 37115—2018
鱼类防疫相关标准		
9	鱼类检疫方法 第1部分：传染性胰脏坏死病毒（IPNV）	GB/T 15805.1—2008
10	传染性造血器官坏死病诊断规程	GB/T 15805.2—2017
11	病毒性出血性败血症诊断规程	GB/T 15805.3—2018
12	斑点叉尾鮰病毒病诊断规程	GB/T 15805.4—2018
13	鲤春病毒血症诊断规程	GB/T 15805.5—2018
14	鱼类检疫方法 第6部分：杀鲑气单胞菌	GB/T 15805.6—2008
15	鱼类检疫方法 第7部分：脑黏体虫	GB/T 15805.7—2008
16	海水鱼类刺激隐核虫病诊断规程	GB/T 34733—2017
17	淡水鱼类小瓜虫病诊断规程	GB/T 34734—2017
18	草鱼出血病诊断规程	GB/T 36190—2018
19	金鱼造血器官坏死病毒检测方法	GB/T 36194—2018
20	真鲷虹彩病毒病诊断规程	GB/T 36191—2018

（2）行业标准

序号	标准名称	标准号
鱼类细胞系相关标准		
1	鱼类细胞系　第1部分：胖头鲅肌肉细胞系(FHM)	SC/T 7016.1—2012
2	鱼类细胞系　第2部分：草鱼肾细胞系(CIK)	SC/T 7016.2—2012
3	鱼类细胞系　第3部分：草鱼卵巢细胞系(CO)	SC/T 7016.3—2012
4	鱼类细胞系　第4部分：虹鳟性腺细胞系(RTG-2)	SC/T 7016.4—2012
5	鱼类细胞系　第5部分：鲤上皮瘤细胞系(EPC)	SC/T 7016.5—2012
6	鱼类细胞系　第6部分：大鳞大麻哈鱼胚胎细胞系(CHSE)	SC/T 7016.6—2012
7	鱼类细胞系　第7部分：棕鮰细胞系(BB)	SC/T 7016.7—2012
8	鱼类细胞系　第8部分：斑点叉尾鮰卵巢细胞系(CCO)	SC/T 7016.8—2012
9	鱼类细胞系　第9部分：蓝鳃太阳鱼细胞系(BF-2)	SC/T 7016.9—2012
10	鱼类细胞系　第10部分：狗鱼性腺细胞系(PG)	SC/T 7016.10—2012
11	鱼类细胞系　第11部分：虹鳟肝细胞系(R1)	SC/T 7016.11—2012
12	鱼类细胞系　第12部分：鲤白血球细胞系(CLC)	SC/T 7016.12—2012
斑节对虾杆状病毒病诊断规程		
13	斑节对虾杆状病毒病诊断规程　第1部分：压片显微镜检测方法	SC/T 7202.1—2007
14	斑节对虾杆状病毒病诊断规程　第2部分：PCR检测方法	SC/T 7202.2—2007
15	斑节对虾杆状病毒病诊断规程　第3部分：组织病理学诊断法	SC/T 7202.3—2007
对虾肝胰腺细小病毒病诊断规程		
16	对虾肝胰腺细小病毒病诊断规程　第1部分：PCR检测方法	SC/T 7203.1—2007
17	对虾肝胰腺细小病毒病诊断规程　第2部分：组织病理学诊断法	SC/T 7203.2—2007
18	对虾肝胰腺细小病毒病诊断规程　第3部分：新鲜组织T-E染色法	SC/T 7203.3—2007
对虾桃拉综合征诊断规程		
19	对虾桃拉综合征诊断规程　第1部分：外观症状诊断法	SC/T 7204.1—2007
20	对虾桃拉综合征诊断规程　第2部分：组织病理学诊断法	SC/T 7204.2—2007
21	对虾桃拉综合征诊断规程　第3部分：RT-PCR检测法	SC/T 7204.3—2007
22	对虾桃拉综合征诊断规程　第4部分：指示生物检测法	SC/T 7204.4—2007

（续）

序号	标准名称	标准号
	牡蛎包纳米虫病诊断规程	
23	牡蛎包纳米虫病诊断规程　第1部分：组织印片的细胞学诊断法	SC/T 7205.1—2007
24	牡蛎包纳米虫病诊断规程　第2部分：组织病理学诊断法	SC/T 7205.2—2007
25	牡蛎包纳米虫病诊断规程　第3部分：透射电镜诊断法	SC/T 7205.3—2007
	牡蛎单孢子虫病诊断规程	
26	牡蛎单孢子虫病诊断规程　第1部分：组织印片的细胞学诊断法	SC/T 7206.1—2007
27	牡蛎单孢子虫病诊断规程　第2部分：组织病理学诊断法	SC/T 7206.2—2007
28	牡蛎单孢子虫病诊断规程　第3部分：原位杂交诊断法	SC/T 7206.3—2007
	牡蛎马尔太虫病诊断规程	
29	牡蛎马尔太虫病诊断规程　第1部分：组织印片的细胞学诊断法	SC/T 7207.1—2007
30	牡蛎马尔太虫病诊断规程　第2部分：组织病理学诊断法	SC/T 7207.2—2007
31	牡蛎马尔太虫病诊断规程　第3部分：透射电镜诊断法	SC/T 7207.3—2007
	牡蛎拍琴虫病诊断规程	
32	牡蛎拍琴虫病诊断规程　第1部分：巯基乙酸盐培养诊断法	SC/T 7208.1—2007
33	牡蛎拍琴虫病诊断规程　第2部分：组织病理学诊断法	SC/T 7208.2—2007
	牡蛎小胞虫病诊断规程	
34	牡蛎小胞虫病诊断规程　第1部分：组织印片的细胞学诊断法	SC/T 7209.1—2007
35	牡蛎小胞虫病诊断规程　第2部分：组织病理学诊断法	SC/T 7209.2—2007
36	牡蛎小胞虫病诊断规程　第3部分：透射电镜诊断法	SC/T 7209.3—2007
	鱼类细菌病检疫技术规程	
37	鱼类细菌病检疫技术规程　第1部分：通用技术	SC/T 7201.1—2006
38	鱼类细菌病检疫技术规程　第2部分：柱状嗜纤维菌烂鳃病诊断方法	SC/T 7201.2—2006
39	鱼类细菌病检疫技术规程　第3部分：嗜水气单胞菌及豚鼠气单胞菌肠炎病诊断方法	SC/T 7201.3—2006
40	鱼类细菌病检疫技术规程　第4部分：荧光假单胞菌赤皮病诊断方法	SC/T 7201.4—2006

（续）

序号	标准名称	标准号
41	鱼类细菌病检疫技术规程　第5部分：白皮假单胞菌白皮病诊断方法	SC/T 7201.5—2006
指环虫病诊断规程		
42	指环虫病诊断规程　第1部分：小鞘指环虫病	SC/T 7218.1—2015
43	指环虫病诊断规程　第2部分：页形指环虫病	SC/T 7218.2—2015
44	指环虫病诊断规程　第3部分：鳙指环虫病	SC/T 7218.3—2015
45	指环虫病诊断规程　第4部分：坏鳃指环虫病	SC/T 7218.4—2015
三代虫病诊断规程		
46	三代虫病诊断规程　第1部分：大西洋鲑三代虫病	SC/T 7219.1—2015
47	三代虫病诊断规程　第2部分：鲩三代虫病	SC/T 7219.2—2015
48	三代虫病诊断规程　第3部分：鲢三代虫病	SC/T 7219.3—2015
49	三代虫病诊断规程　第4部分：中型三代虫病	SC/T 7219.4—2015
50	三代虫病诊断规程　第5部分：细锚三代虫病	SC/T 7219.5—2015
51	三代虫病诊断规程　第6部分：小林三代虫病	SC/T 7219.6—2015
黏孢子虫病诊断规程		
52	黏孢子虫病诊断规程　第1部分：洪湖碘泡虫	SC/T 7223.1—2017
53	黏孢子虫病诊断规程　第2部分：吴李碘泡虫病	SC/T 7223.2—2017
54	黏孢子虫病诊断规程　第3部分：武汉单极虫	SC/T 7223.3—2017
55	黏孢子虫病诊断规程　第4部分：吉陶单极虫	SC/T 7223.4—2017
其他		
56	水生动物疾病术语与命名规则　第1部分：水生动物疾病术语	SC/T 7011.1—2007
57	水生动物疾病术语与命名规则　第2部分：水生动物疾病命名规则	SC/T 7011.2—2007
58	水生动物检疫实验技术规范	SC/T 7014—2006
59	水生动物疫病风险评估通则	SC/T 7017—2012
60	水生动物疫病流行病学调查规范　第1部分：鲤春病毒血症(SVC)	SC/T 7018.1—2012
61	刺激隐核虫病诊断规程	SC/T 7217—2014
62	鱼类病毒性神经坏死病(VNN)诊断技术规程	SC/T 7216—2012
63	鮰嗜麦芽寡养单胞菌检测方法	SC/T 7213—2011
64	鲤疱疹病毒检测方法　第1部分：锦鲤疱疹病毒	SC/T 7212.1—2011
65	鱼类简单异尖线虫幼虫检测方法	SC/T 7210—2011

（续）

序号	标准名称	标准号
66	染疫水生动物无害化处理规程	SC/T 7015—2011
67	传染性脾肾坏死病毒检测方法	SC/T 7211—2011
68	鱼类爱德华氏菌检测方法　第1部分：迟缓爱德华氏菌	SC/T 7214.1—2011
69	水生动物产地检疫采样技术规范	SC/T 7013—2008
70	水产养殖动物病害经济损失计算方法	SC/T 7012—2008
71	草鱼出血病细胞培养灭活疫苗	SC 7701—2007
72	水生动物病原微生物实验室保存规范	SC/T 7019—2015
73	中华绒螯蟹螺原体PCR检测方法	SC/T 7220—2015
74	水产养殖动植物疾病测报规范	SC/T 7020—2016
75	蛙病毒检测方法	SC/T 7221—2016
76	鲤春病毒血症病毒逆转录环介导等温扩增（RT-LAMP）检测方法	SC/T 7224—2017
77	草鱼呼肠孤病毒逆转录环介导等温扩增（RT-LAMP）检测方法	SC/T 7225—2017
78	鲑甲病毒感染诊断规程	SC/T 7226—2017
79	传染性造血器官坏死病毒逆转录环介导等温扩增（RT-LAMP）检测方法	SC/T 7227—2017

附录7　2018年重大水生动物疫病主要宿主的养殖生产情况

养殖总产量（万吨）	序号	宿主品种	疫病名称	2018年产量（万吨）	产量占比（%）	主养区（按养殖产量从高到低排序）
淡水鱼养殖总产量：2 959.8	1	草鱼	草鱼出血病	550.4	18.6	广东、湖北、湖南、江西、江苏、广西、安徽、四川、山东、福建、河南、重庆、辽宁、云南、浙江、黑龙江、宁夏、新疆、贵州、天津、陕西、河北、上海、吉林、山西、内蒙古、北京、甘肃、海南、青海
	2	鲢	鲤春病毒血症	385.9	13.0	湖北、江苏、湖南、四川、安徽、江西、广西、广东、山东、河南、浙江、黑龙江、重庆、辽宁、福建、云南、吉林、河北、陕西、天津、新疆、贵州、内蒙古、宁夏、上海、山西、海南、北京、甘肃、青海
	3	鳙	鲤春病毒血症	309.6	10.5	湖北、江西、广东、湖南、安徽、江苏、四川、广西、河南、山东、浙江、福建、辽宁、云南、黑龙江、重庆、吉林、贵州、陕西、河北、内蒙古、天津、宁夏、新疆、海南、上海、山西、北京、甘肃
	4	鲤	鲤春病毒血症、锦鲤疱疹病毒病、鲤浮肿病	296.2	10.0	辽宁、山东、河南、黑龙江、四川、湖南、江西、云南、广西、江苏、湖北、广东、河北、安徽、天津、贵州、宁夏、福建、吉林、内蒙古、重庆、陕西、新疆、浙江、山西、北京、甘肃、海南、上海、青海

（续）

养殖总产量（万吨）	序号	宿主品种	疫病名称	2018年产量（万吨）	产量占比（％）	主养区（按养殖产量从高到低排序）
淡水鱼养殖总产量：2 959.8	5	鲫	鲫造血器官坏死病	277.2	9.4	江苏、湖北、江西、湖南、四川、安徽、广东、山东、重庆、黑龙江、浙江、辽宁、河南、天津、云南、福建、广西、吉林、河北、内蒙古、宁夏、新疆、上海、贵州、陕西、山西、北京、甘肃、海南、青海、西藏
	6	鳟	传染性造血器官坏死病	3.9	0.1	青海、云南、辽宁、新疆、四川、甘肃、重庆、河北、陕西、山西、北京、湖南、黑龙江、吉林、广西、江西、贵州、广东、河南、山东、浙江、福建、西藏、安徽
海水鱼养殖总产量：149.5	7	鲈	病毒性神经坏死病	16.7	11.2	广东、福建、山东、广西、浙江、辽宁、江苏、海南
	8	大黄鱼	病毒性神经坏死病	19.8	13.2	福建、浙江、广东
	9	鲆	病毒性神经坏死病	10.8	7.2	辽宁、山东、江苏、福建、河北、广东、天津、浙江
	10	石斑鱼	病毒性神经坏死病	16.0	10.7	广东、海南、福建、广西、浙江、河北、山东、天津
虾类养殖总产量：409.0	11	南美白对虾	白斑综合征、传染性皮下和造血器官坏死病、虾肝肠胞虫病、虾虹彩病毒病	176.0	43.0	广东、广西、福建、江苏、山东、浙江、海南、天津、河北、辽宁、上海、湖南、湖北、安徽、新疆、河南、江西、四川、重庆、内蒙古、宁夏、陕西、山西、贵州、黑龙江、云南、甘肃
	12	克氏原螯虾	白斑综合征、虾虹彩病毒病	163.9	40.1	湖北、湖南、安徽、江苏、江西、山东、河南、四川、浙江、重庆、福建、广西、云南、贵州、上海、广东、黑龙江、宁夏、新疆、河北、山西

（续）

养殖总产量（万吨）	序号	宿主品种	疫病名称	2018年产量（万吨）	产量占比（％）	主养区（按养殖产量从高到低排序）
虾类养殖总产量：409.0	13	罗氏沼虾	虾虹彩病毒病	13.3	3.3	江苏、广东、浙江、上海、安徽、海南、福建、湖北、湖南、广西、河南、江西、云南、重庆、四川、山东、贵州
	14	斑节对虾	白斑综合征、虾肝肠胞虫病、虾虹彩病毒病	7.5	1.8	广东、江苏、福建、海南、浙江、广西、山东、河北
	15	中国对虾	白斑综合征、虾肝肠胞虫病、虾虹彩病毒病	5.6	1.4	广东、辽宁、山东、江苏、福建、河北、浙江
	16	日本对虾	白斑综合征、虾肝肠胞虫病、虾虹彩病毒病	5.5	1.3	山东、辽宁、福建、广东、河北、浙江、江苏、广西

附录8 《2018年国家水生动物疫病监测计划》实施情况汇总

（1）2018年鲤春病毒血症（SVC）监测情况汇总

省份	监测养殖场点（个）								病原学检测										检测结果	
	区（县）数	乡（镇）数	国家级原良种场	省级原良种场	苗种场	观赏鱼养殖场	成鱼养殖场	监测养殖场点合计	其中（批次）									抽样总数（批次）	阳性样品总数	样品阳性率（%）	阳性品种	阳性样品处理措施
									国家级原良种场 抽样数量	省级原良种场 抽样数量	苗种场 抽样数量	苗种场 阳性样品数	观赏鱼养殖场 抽样数量	观赏鱼养殖场 阳性样品数	成鱼养殖场 抽样数量	成鱼养殖场 阳性样品数					
北京	3	9				27		27					30	1			30	1	3.3	锦鲤	Qi, CL, Z, Tsu, M
天津	5	16	1	1			18	20	1	1					23		25		0.0		
河北	13	21	1	1	2	3	33	40	1	1	2		3		33		40		0.0		
山西	4	5	1	4				5	1	4							5		0.0		
内蒙古	4	6			1		19	20			1				19	2	20	2	10.0	鲤	Qi, CL, Z, Tsu
辽宁	9	17		11	6	1	10	28		13	6	3	1		10		30	4	13.3	鲤	Qi, CL, Z, Tsu
吉林	5	5		7	2		1	10		7	2				1		10		0.0		
黑龙江	6	20		1	14		24	39		1	15	1			24	2	40	3	7.5	鲤	Qi, CL, Z, M
上海	5	5			1	4		5			2		10	1			10	1	8.3	锦鲤	Qi, CL, Z, Tsu, M
江苏	19	28	3	5	13	2	9	32	3	7	17	1	3		10		40	1	2.5	鲤	Qi, CL, Z, M

注：阳性样品处理措施：消毒—CL；监控—M；全面监测—Gsu；专项调查—Tsu；移动控制—Qi；全群扑杀—S；分区隔离—Z；免疫接种—V；治疗—T；其他措施—O；未采取任何措施—N。下同。

（续）

省份	监测养殖场点（个） 区（县）数	乡（镇）数	国家级原良种场	省级原良种场	苗种场	观赏鱼养殖场	成鱼养殖场	监测养殖场点合计	病原学检测 其中（批次） 国家级原良种场 抽样数量	国家级原良种场 阳性样品数	省级原良种场 抽样数量	省级原良种场 阳性样品数	苗种场 抽样数量	苗种场 阳性样品数	观赏鱼养殖场 抽样数量	观赏鱼养殖场 阳性样品数	成鱼养殖场 抽样数量	成鱼养殖场 阳性样品数	抽样总数（批次）	阳性样品总数	样品阳性率（%）	检测结果 阳性品种	阳性样品处理措施
浙江	6	8			8	2		10					8		2				10		0.0		
安徽	2	23		1			38	39			1						39		40		0.0		
江西	5	8	2	1	3	1	3	10	2		1		3		1		3		10		0.0		
山东	16	24			2	2	35	39					2		2		39		43		0.0		
河南	21	29	1	2	15	15	8	40	1		2		15		15		8		40		0.0		
湖北	39	39	1	4	4	3	28	40	1		4		4		3		28	2	40	2	5.0	鲤	Qi, CL, Z, Tsu
湖南	20	34	1	2	18	13	6	40	1		2		18		13	1	6		40	1	2.5	鲤	Qi, CL, Z, M
广西	10	14		2	23		1	26			2		27	2			1		30		0.0		
重庆	5	8		1	7		4	12			3		11				6		20		0.0		
四川	13	17	1	4	8	1	8	21	1		4		8		1		8		21		0.0		
陕西	10	13		1	2	1	10	15			1	1	2		1		10		15	1	6.7	鲤	Qi, CL, Z, Tsu
宁夏	5	9		2	2	1	6	10			2	2	2				6	1	10	3	30.0	鲤	Qi, CL, Z, Tsu
新疆	2	3		2	1		1	3			4						1		5		0.0		
新疆兵团	4	5		1	1	1	3	5					1	1	1		3	1	5	2	40.0	鲤	Qi, CL, Z, Tsu
合计	231	366	11	53	132	75	265	536	11		61	3	146	7	85	3	278	8	579	21	3.6		

（2）2018年锦鲤疱疹病毒病（KHVD）监测情况汇总

省份	监测养殖场点（个）								病原学检测														
	区（县）数	乡（镇）数	国家级原良种场	省级原良种场	苗种场	观赏鱼养殖场	成鱼养殖场	合计	国家级原良种场 抽样数量	国家级原良种场 阳性样品数	省级原良种场 抽样数量	省级原良种场 阳性样品数	苗种场 抽样数量	苗种场 阳性样品数	观赏鱼养殖场 抽样数量	观赏鱼养殖场 阳性样品数	成鱼养殖场 抽样数量	成鱼养殖场 阳性样品数	抽样总数（批次）	阳性样品总数	样品阳性率（%）	阳性品种	阳性样品处理措施
北京	3	8				19		19							20	1			20	1	5.0	锦鲤	CL，M
天津	3	5					8	8									11		11		0.0		
河北	12	19	1	1	3	3	22	30	1		1		3		3		22		30		0.0		
内蒙古	3	3			1		19	20					1				19		20		0.0		
辽宁	7	19		7		25	8	40			8				25	3	8		41	3	7.3	锦鲤	CL，M
吉林	10	17		1	5		13	19			18		5				3		26		0.0		
黑龙江	4	8					20	20									15		15		0.0		
江苏	16	23	1		7	11	6	25	1				8		12		10		31		0.0		
浙江	6	8			8	2		10					8		2				10		0.0		
安徽	3	22				8	22	30							13		27		40		0.0		
江西	5	9	2	1		3	4	10	2		1				3		4		10		0.0		
山东	11	16			2	17	9	28					2		18		10		30		0.0		
河南	18	23		4	13	12	8	37			4		14		13		9		40		0.0		
湖南	27	42	1	2	28	13	6	50	1		2		28		13		6		50		0.0		
广东	4	8				15		15							50	8			50	8	16.0	锦鲤、鲤	CL，M
广西	15	21		2	28		6	36			2		32				6		40		0.0		
重庆	4	8			3		6	9					5				10		15		0.0		
四川	14	17		3	8	1	8	20			3		8		1		8		20		0.0		
陕西	3	5		1		3	1	5			1				3		1		5		0.0		
甘肃	6	8		1	1		15	17			1		1				18		20		0.0		
宁夏	5	8		2	2		5	9			2		3				5		10		0.0		
合计	179	298	5	42	109	132	169	457	5		43		118		176	12	192		534	12	2.2		

（3）2018年鲤浮肿病（CEVD）监测情况汇总

省份	监测养殖场点（个）								病原学检测													检测结果	
	区（县）数	乡（镇）数	国家级原良种场	省级原良种场	苗种场	观赏鱼养殖场	成鱼养殖场	监测养殖场点合计	国家级原良种场 抽样数量	国家级原良种场 阳性样品数	省级原良种场 抽样数量	省级原良种场 阳性样品数	苗种场 抽样数量	苗种场 阳性样品数	观赏鱼养殖场 抽样数量	观赏鱼养殖场 阳性样品数	成鱼养殖场 抽样数量	成鱼养殖场 阳性样品数	抽样总数（批次）	阳性样品总数	样品阳性率（%）	阳性品种	阳性样品处置措施
北京	5	13				30	1	31							47	6	1		48	6	12.5	锦鲤	CL
天津	9	21	1	1		2	26	30	1		1				16	1	53	7	71	8	11.3	鲤、锦鲤	CL
河北	9	20				3	51	54							3		57	2	60	2	3.3	鲤	CL, M
内蒙古	5	7			1		28	29					1				29	7	30	7	23.3	鲤	CL, M
辽宁	8	22		7	5	25	16	53			7	1	5	1	25	25	16	8	53	35	66.0	鲤、锦鲤	CL, Tsu
黑龙江	4	9		1	5		14	20			1	1	5	1			14	6	20	8	40.0	鲤	CL, M
上海	5	5			1	4		5					2	1	8				10	1	10.0	锦鲤	CL
江苏	23	36	1	1	8	11	20	41	1	1	1		13	1	20		35		70	2	2.9	鲤、其他	CL, M
浙江	6	9			8	3	18	29					11		3		18		32		0.0		
安徽	8	29	1	3		12	32	48	2		4				23		42		71		0.0		
江西	6	10	2	1	1	4	4	12	4		1		1		4		5		15		0.0		
山东	17	26		4	3	1	42	50			5	3	4	8	1		45		55	14	25.5	鲤	CL
河南	24	35		4	22	18	14	58			4		25	5	21	5	15	5	65	15	23.1	鲤、锦鲤	CL, M
湖南	28	44	1	6	28	13	22	70	1		6		28	4	13		22		70	4	5.7	鲤	CL, M, Tsu
广东	4	6				12		12							70	8			70	8	11.4	鲤、锦鲤	CL, M
广西	15	21		2	28		6	36			2		32				6		40		0.0		
重庆	3	6		1	2		5	8			5		10				10		25		0.0		
四川	15	18		3	10	1	8	22			5		15		1		11		32		0.0		
陕西	10	15	1	2	2	3	7	15	1		2		2		3	2	7		15	2	13.3	锦鲤、鲤	CL, M, Tsu
甘肃	6	9		1			16	17			1						19		20		0.0		
宁夏	5	9		2	2		6	10			4		4				12	4	20	4	20.0	鲤	CL
新疆	2	3		2			2	4			3		1				2		5		0.0		
兵团	4	5			1		3	5			1						3		5		0.0		
合计	221	378	7	42	127	142	341	659	10	1	53	5	159	15	259	48	421	47	902	116	12.9		

（4）2018年草鱼出血病（GCHD）监测情况汇总

省份	监测养殖场点（个）								病原学检测 其中（批次）													检测结果	
	区（县）数	乡（镇）数	国家级原良种场	省级原良种场	苗种场	观赏鱼养殖场	成鱼养殖场	监测养殖场点合计	国家级原良种场 抽样数量	阳性样品数	省级原良种场 抽样数量	阳性样品数	苗种场 抽样数量	阳性样品数	观赏鱼养殖场 抽样数量	阳性样品数	成鱼养殖场 抽样数量	阳性样品数	抽样总数（批次）	阳性样品总数	样品阳性率（%）	阳性品种	阳性样品处理措施
天津	4	7					10	10									10		10		0.0		
河北	6	8					15	15									15		15		0.0		
吉林	4	5		6	4			10			6		4						10		0.0		
上海	5	5		2	3		5	5			4		6						10		0.0		
江苏	18	24	1	4	12		10	27	1		5		14				11		31		0.0		
浙江	7	8		1	8			9	1		1		9						10		0.0		
安徽	10	30		4	1		38	43	1		5		4				51	3	60	3	5.0	草鱼	M
江西	20	35		12	7		20	40	1		12	1	7	1			20	2	40	4	10.0	草鱼	CL, M
山东	15	24		1	3		46	50			1		3				55		59		0.0		
湖北	30	30		3	5		21	30	1		3		5	1			21	3	30	4	13.3	草鱼	M, O, Tsu
湖南	17	36		2	30		7	40	1		2		30				7		40		0.0		
广东	7	10			2		19	21					4				36	5	40	5	12.5	草鱼	M
广西	17	22		3	33		10	46			3	1	38	6			10	3	51	10	19.6	草鱼	CL, M
重庆	5	6		1	5		4	10			4	1	11	2			5	1	20	4	20.0	草鱼	M
四川	10	10		4	4		2	10			4		4				2		10		0.0		
贵州	1	3			5			5					5						5		0.0		
宁夏	5	8		2	2		5	9			2		3				5		10		0.0		
合计	181	271	4	45	124		207	380	4		52	3	147	10			248	17	451	30	6.7		

（5）2018年鲫造血器官坏死病监测情况汇总

省份	监测养殖场点（个）								病原学检测 其中（批次）										抽样总数（批次）	阳性样品总数	检测结果		
	区（县）数	乡（镇）数	国家级原良种场	省级原良种场	苗种场	观赏鱼养殖场	成鱼养殖场	监测养殖场点合计	国家级原良种场抽样数量	阳性样品数	省级原良种场抽样数量	阳性样品数	苗种场抽样数量	阳性样品数	观赏鱼养殖场抽样数量	阳性样品数	成鱼养殖场抽样数量	阳性样品数			样品阳性率(%)	阳性品种	阳性样品处理措施
北京	2	6				18	1	19							19	8	1		20	8	40.0	金鱼	CL，M
天津	4	7					10	10									10		10		0.0		
河北	11	18		1	3		26	30			1	1	3	1			26	2	30	4	13.3	鲫	CL，Z
内蒙古	3	4			2		8	10					2				8		10		0.0		
吉林	6	12		2	2		11	15			2		2				11	1	15	1	6.7	鲫	CL，M
上海	9	13	1	4	3		7	15	2		8		6				14		30		0.0		
江苏	14	20	1	1	12		16	30	1		1		12				16	1	30	1	3.3	鲫	CL，M，T
浙江	7	9		1	9			10			1		9						10		0.0		
安徽	8	21		4			28	32			4						28		32		0.0		
江西	15	25	1	5	6		18	30	1		5		6				18		30		0.0		
山东	12	17		1	2		27	30			1		2				27		30		0.0		
河南	11	13		2	9	3	6	20			2		9		3		6		20		0.0		
湖北	40	47	1	4	10	1	34	50	1		4	2	10		1		34	5	50	7	14.0	鲫	CL，Tsu
湖南	10	27	1	2	20		7	30	1		2		20				7		30		0.0		
广西	9	11		1	17		5	23			1		24				5		30		0.0		
四川	15	18		3	10		7	20			3		10				7		20		0.0		
甘肃	6	8		1	9		9	10			1						9		10		0.0		
合计	182	276	5	32	105	22	220	384	6		36	3	115	1	23	8	227	9	407	21	5.2		

（6）2018年传染性造血器官坏死病（IHN）监测情况汇总

省份	监测养殖场点（个）区（县）数	乡（镇）数	国家级原良种场	省级原良种场	苗种场	引育种中心	成鱼养殖场	监测养殖场点合计	病原学检测 其中（批次）国家级原良种场 抽样数量	国家级原良种场 阳性样品数	省级原良种场 抽样数量	省级原良种场 阳性样品数	苗种场 抽样数量	苗种场 阳性样品数	引育种中心 抽样数量	引育种中心 阳性样品数	成鱼养殖场 抽样数量	成鱼养殖场 阳性样品数	抽样总数（批次）	阳性样品总数	检测结果 样品阳性率（%）	阳性品种	阳性样品处理措施
北京	2	4		1	7		1	9			3	1	11	1			1		15	2	13.3	虹鳟	CL, M
河北	10	18		1	2		38	41			1		2	1			38	2	41	3	7.3	虹鳟	CL, M, Tsu
辽宁	3	8		3	15		24	42			8	1	38				44	3	90	4	4.4	虹鳟	CL, Tsu
吉林	4	5	1	3	1			5	1		3		1						5		0.0		
黑龙江	1	1				1		1							1				1		0.0		
山东	7	10			12		15	27					17	1			15		32	1	3.1	虹鳟	CL
贵州	1	1			1		4	5					1				4		5		0.0		
云南	1	5		1	4			5			1	1	4						5	1	20.0	虹鳟	CL
陕西	7	8			3		7	10					3				7		10		0.0		
甘肃	5	6	1	1			13	15	5		4	2					34	8	43	10	23.3	虹鳟	CL, M, Qi
青海	6	14					25	25									43	2	43	2	4.7	虹鳟	M, Qi
新疆	2	4		2	1		1	4			4		2	1			1		7	1	14.3	虹鳟	CL, M, Tsu
合计	49	84	2	12	46	1	128	189	6		24	5	79	4	1		187	15	297	24	8.1		

（7）2018年病毒性神经坏死病（VNN）监测情况汇总

省份	监测养殖场点（个）								病原学检测													检测结果	
	区（县）数	乡（镇）数	国家级原良种场	省级原良种场	苗种场	观赏鱼养殖场	成鱼养殖场	监测养殖场点合计	国家级原良种场		省级原良种场		苗种场		观赏鱼养殖场		成鱼养殖场		抽样总数（批次）	阳性样品总数	样品阳性率(%)	阳性品种	阳性样品处理措施
									抽样数量	阳性样品数	抽样数量	阳性样品数	抽样数量	阳性样品数	抽样数量	阳性样品数	抽样数量	阳性样品数					
天津	1	3			5		10	15					8				14	1	22	1	4.5	大黄鱼	CL、O
河北	4	6		3	8		15	26			5		9	1			16	3	30	4	13.3	鲈、河鲀	CL、O
福建	7	11	1	3	9		8	21	7		40	22	46	25			9	2	102	49	48.0	石斑鱼	CL、O
山东	12	14	4	3	10		5	22	10		4		11				6		31		0.0		
广东	7	10					16	16									40	18	40	18	45.0	石斑鱼	CL、
广西	4	4			4		11	15					4				11		15		0.0		
海南	7	7	1	1	14		10	26	2		1		14	5			15	2	32	7	21.9	石斑鱼	CL、O
合计	42	55	6	10	50		75	141	19		50	22	92	31			111	26	272	79	29.0		

（8）2018年白斑综合征（WSD）监测情况汇总

省份	监测养殖场点（个）								病原学检测														检测结果	
	区（县）数	乡（镇）数	国家级原良种场	省级原良种场	苗种场	观赏鱼养殖场	成虾养殖场	监测养殖场点合计	其中（批次）										抽样总数（批次）	阳性样品总数	样品阳性率（%）	阳性品种	阳性样品处理措施
									国家级原良种场		省级原良种场		苗种场		观赏鱼养殖场		成虾养殖场						
									抽样数量	阳性样品数	抽样数量	阳性样品数	抽样数量	阳性样品数	抽样数量	阳性样品数	抽样数量	阳性样品数					
天津	4	14			21		28	49					21				29	6	50	6	12.0	南美白对虾（淡）	CL, M
河北	4	9		1	25		22	48			1		27	1			22		50	1	2.0	南美白对虾（海）	CL, Z
辽宁	9	22		4	6		40	50			4		6				40	5	50	5	10.0	南美白对虾（淡）、中国对虾	CL, Gsu
上海	4	13			5		10	15					10				20	3	30	3	10.0	南美白对虾（淡）	N
江苏	22	52	1	4	25		50	80	1		4		25	2			56	9	86	11	12.8	南美白对虾（淡）、青虾、克氏原螯虾、脊尾白虾	CL, M
浙江	21	35	1		59		5	65	1				94	2			5		100	2	2.0	南美白对虾（海）、南美白对虾（淡）	CL, M, Z
安徽	7	31					57	57									61	20	61	20	32.8	克氏原螯虾	CL, Z
福建	11	18		1	13		22	36			18	5	24	1			50	3	92	9	9.8	南美白对虾（海）	CL, M
江西	5	8					10	10									10	3	10	3	30.0	克氏原螯虾	CL, M, Tsu, O
山东	15	25		1	56		21	78			2		74	12			24	3	100	15	15.0	南美白对虾（海）、中国对虾、日本对虾	CL, M
湖北	39	50	1	3	5		51	60	1		3		5	2			51	33	60	35	58.3	克氏原螯虾	CL, Tsu
广东	7	21	3	5	23		21	52	4		12		50	2			44		110	2	1.8	南美白对虾（海）、南美白对虾（淡）	CL, M
广西	8	12		3	69		8	80			4		78	1			8	4	90	5	5.6	南美白对虾（海）	CL, M
海南	7	13	1	13	25		19	58	3		30		39				28		100	0	0.0		
新疆	2	3					10	10									10		10	0	0.0		
兵团	2	3					3	3									3		3	0	0.0		
合计	167	329	7	35	332		377	751	10		78	5	453	23			461	89	1002	117	11.7		

（9）2018年传染性皮下和造血器官坏死病(IHHN)监测情况汇总

省份	监测养殖场点（个）								病原学检测 其中（批次）											检测结果	
	区(县)数	乡(镇)数	国家级原良种场	省级原良种场	苗种场	观赏鱼养殖场	成虾养殖场	监测养殖场点合计	国家级原良种场 抽样数量	国家级原良种场 阳性样品数	省级原良种场 抽样数量	省级原良种场 阳性样品数	苗种场 抽样数量	苗种场 阳性样品数	观赏鱼养殖场 抽样数量	观赏鱼养殖场 阳性样品数	成虾养殖场 抽样数量	成虾养殖场 阳性样品数	抽样总数(批次)	阳性样品总数	样品阳性率(%)	阳性品种	阳性样品处理措施
天津	4	14			21		29	50					21				29	10	50	10	20.0	南美白对虾(淡)	CL、M
河北	4	9		1	24		23	48			1		26				23	4	50	4	8.0	南美白对虾(海)	CL、Z
辽宁	8	22		6	30		14	50			6		30	1			14		50	1	2.0	南美白对虾(淡)	CL、Gsu
上海	4	13			5		10	15					10				20		30		0.0		
江苏	22	52	1	4	25		50	80	1		4		25	1			55	3	85	4	4.7	南美白对虾(淡)	CL、M
浙江	21	35	1		59		5	65	1				94	10			5	2	100	12	12.0	南美对虾(海)、南美白对虾(淡)、罗氏沼虾	CL、M、Z
福建	11	18	1	5	13		22	36			18	14	24	4			51	17	93	35	37.6	南美白对虾(海)、斑节对虾	CL、M
山东	15	25	1	5	56		21	78			2		74	3			24	2	100	5	5.0	南美白对虾(海)、日本对虾	CL、M
广东	7	21	3	5	23		21	52			12		50	4			44	2	110	6	5.5	南美白对虾(淡)	CL、M
广西	8	12	1	3	68		8	79	4		4		78				8		90		0.0		
海南	7	13	1	12	25		19	57	3	2	30	1	39				28	11	100	14	14.0	斑节对虾	Z
新疆	2	3					10	10									10		10		0.0		
兵团	2	3					3	3									3		3		0.0		
合计	115	240	6	33	349		235	623	9	2	77	15	471	23			314	51	871	91	10.4		

（10）2018年虾虹彩病毒病(SHID)监测情况汇总

省份	监测养殖场点（个）								病原学检测 其中（批次）										抽样总数（批次）	阳性样品总数	样品阳性率（%）	检测结果 阳性虾种	阳性样品处理措施
	区（县）数	乡（镇）数	国家级原良种场	省级原良种场	苗种场	观赏鱼养殖场	成虾养殖场	监测养殖场点合计	国家级原良种场 抽样数量	国家级原良种场 阳性样品数	省级原良种场 抽样数量	省级原良种场 阳性样品数	苗种场 抽样数量	苗种场 阳性样品数	观赏鱼养殖场 抽样数量	观赏鱼养殖场 阳性样品数	成虾养殖场 抽样数量	成虾养殖场 阳性样品数					
天津	5	13			21		38	59					21				69	1	90	1	1.1	南美白对虾（淡）	CL、M
河北	4	9	1	2	16		37	56	1		2		20				42		65		0.0		
辽宁	9	24		4	6		55	65			4		6				55		65		0.0		-
上海	5	17			5		21	26					10	1			30	6	40	7	17.5	南美白对虾（淡）	N
江苏	27	56	1	4	23		56	84	1		4		23				62	11	90	11	12.2	南美白对虾（淡）、青虾、脊尾白虾、克氏原螯虾	CL、M
浙江	23	40	1		68		6	75	1				105	26			9	2	115	28	24.3	南美白对虾（淡）、南美白对虾（海）、罗氏沼虾	CL、M、Z
安徽	8	34		1			71	72			1						87	33	88	33	37.5	克氏原螯虾	CL、Z
福建	11	18		1	13		22	36			18	1	24				52		94	1	1.1	南美白对虾（海）	CL、M
江西	3	7					10	10									10		10		0.0		
山东	15	25		2	56		20	78			3		78				24		105		0.0		
湖北	43	59	2	3	6		67	78	2		3	1	6				68	3	79	4	5.1	克氏原螯虾	CL、Tsu
广东	13	25	1	1	6		62	70	6	5	2	1	19	8			159	38	186	52	28.0	南美白对虾（淡）、日本对虾	CL、M
广西	8	12		3	76		8	87			5	2	97	14			8		110	16	14.5	南美白对虾（海）	CL、M
海南	7	13	1	12	25		19	57	3		30		39				28		100		0.0		
新疆	2	3					15	15									15		15		0.0		
新疆兵团	2	3					3	3									3		3		0.0		
合计	185	358	7	33	321		510	871	14	5	72	5	448	49			721	94	1255	153	12.2		

（11）2018年虾肝肠胞虫病（EHPD）监测情况汇总

省份	监测养殖场点（个）								病原学检测													检测结果	
	区（县）数	乡（镇）数	国家级原良种场	省级原良种场	苗种场	观赏鱼养殖场	成虾养殖场	监测养殖场点合计	国家级原良种场		省级原良种场		苗种场		观赏鱼养殖场		成虾养殖场		抽样总数（批次）	阳性样品总数	样品阳性率（%）	阳性品种	阳性样品处理措施
									抽样数量	阳性样品数	抽样数量	阳性样品数	抽样数量	阳性样品数	抽样数量	阳性样品数	抽样数量	阳性样品数					
天津	5	12			21		43	64					21				73	12	94	12	12.8	南美白对虾（淡）	CL、M
河北	4	9	1	2	16		38	57	1		2		21	1			41	7	65	8	12.3	南美白对虾（海）、中国对虾	CL、Z
辽宁	9	24	1	4	6		55	65			4		6	1			55	6	65	7	10.8	南美白对虾（淡）、南美白对虾（海）、中国对虾	CL、Gsu
上海	5	19			5		25	30					10	5			35	18	45	23	51.1	南美白对虾（淡）	N
江苏	23	57	1	4	25		60	90	1		4		25	2			65	5	95	7	7.4	南美白对虾（淡）、青虾	CL、M
浙江	23	40	1		65		6	72	1				105	13			9	3	115	16	13.9	南美白对虾（淡）、南美白对虾（海）、中国对虾（海）	CL、M、Z
安徽	8	33		1			75	76			1						92	19	93	19	20.4	克氏原螯虾	CL、Z
福建	11	18		1	13		22	36			18	16	24	8			50	32	92	56	60.9	南美白对虾（海）、青虾	CL、M
江西	6	11					15	15									15		15		0.0		
山东	15	25	1		56		21	78	2	1			74	9			24	10	100	19	19.0	南美白对虾（海）、中国对虾	CL、M
湖北	43	59	2	3	6		67	78	2	1	3		6				68	6	79	7	8.9	南美白对虾（淡）	CL、Tsu
广东	13	25	1	1	6		62	70	6		2		19	2			160	60	187	62	33.2	南美白对虾（淡）	CL、M
广西	8	12	3	3	77		9	89			5	1	105	19			10	2	120	23	19.2	南美白对虾（海）	CL、M

（续）

省份	监测养殖场点（个）								病原学检测											检测结果	
	区（县）数	乡（镇）数	国家级原良种场	省级原良苗种场	苗种场	观赏鱼养殖场	成虾养殖场	监测养殖场点合计	其中（批次）										抽样总数（批次）	阳性样品总数	样品阳性率（%）	阳性品种	阳性样品处理措施
									国家级原良种场		省级原良种场		苗种场		观赏鱼养殖场		成虾养殖场						
									抽样数量	阳性样品数	抽样数量	阳性样品数	抽样数量	阳性样品数	抽样数量	阳性样品数	抽样数量	阳性样品数					
海南	7	13	1	12	25		19	57	3	1	30	4	39	4			28	16	100	24	24.0	斑节对虾、南美白对虾（海）	Z
新疆	2	3					15	15									15	4	15	4	26.7	南美白对虾（淡）	CL、O
新疆兵团	2	3	1				2	3	1	1							2	1	3	1	33.3	南美白对虾（淡）	CL
合计	184	363	7	33	321		534	895	14	1	72	22	455	64			742	201	1283	288	22.4		

附录9　水生动物防疫科技成果

序号	类型	成果名称	奖励等级/专利号	单位
1	兽用生物制品临床试验批件	草鱼嗜水气单胞菌败血症、铜绿假单胞菌赤皮病二联蜂胶灭活疫苗（GA201+JP802株）临床试验	2018008	中国科学研究院珠江水产研究所、肇庆大华农生物药品有限公司、广东大渔生物有限公司、广州普麟生物制品有限公司
2	中国水产学会范蠡科学技术奖（科技进步类）	江苏省主要经济鱼类重要病害防控技术集成与应用	一等奖	江苏省渔业技术推广中心、苏州大学、南京农业大学、中国科学院水生生物研究所、国家海洋局第三海洋研究所、江苏省淡水水产研究所、常州市武进区水产技术推广站
3	中国水产学会范蠡科学技术奖（技术推广类）	全国水生动物疾病远程辅助诊断服务网的构建及示范应用	一等奖	全国水产技术推广总站、苏州捷安信息科技有限公司、中国水产科学研究院黄海水产研究所、天津市水生动物疫病预防控制中心、江西省水产品质量安全检测中心、湛江市水生动物防疫检疫站、苏州市水产技术推广站、青海省渔业环境监测站

（续）

序号	类型	成果名称	奖励等级／专利号	单位
4	福建省农业科学院科学技术奖	刺激隐核虫病防控关键技术研发与应用	特等奖	福建省农业科学院生物技术研究所、大黄鱼育种国家重点实验室、福建省淡水水产研究所等单位
5	国际专利（荷兰）	一种抗斑点叉尾鮰病毒核衣壳蛋白的单克隆抗体及其应用	201710457030.9	中国检验检疫科学研究院
6	发明专利	一种利用焦磷酸测序技术检测流行性造血器官坏死病毒的引物、试剂盒和检测方法	ZL20151020440.4	中国检验检疫科学研究院
7	发明专利	一种利用焦磷酸测序技术检测斑点叉尾鮰病毒的引物、试剂盒和检测方法	ZL20151020417.5	中国检验检疫科学研究院
8	发明专利	一种用于我国养殖与野生三疣梭子蟹微孢子虫感染早期预警的套式引物及其应用	ZL201510289724	中国水产科学研究院东海水产研究所
9	发明专利	一种用于我国养殖对虾虾肝肠胞虫感染早期预警的套式引物及其应用	ZL201510287845.8	中国水产科学研究院东海水产研究所
10	发明专利	一种鳜传染性脾肾坏死病毒ISKNV的增殖方法	ZL201510076301.7	中国水产科学研究院珠江水产研究所
11	发明专利	一种抗锦鲤免疫球蛋白IgM的单克隆抗体及其应用	ZL201610033741.9	中国水产科学研究院珠江水产研究所
12	发明专利	用于池塘追肥的配套网箱	ZL201720399341.X	中国水产科学研究院珠江水产研究所
13	发明专利	能同时检测水产病原菌对15种抗菌药物敏感性的药敏板	ZL201820878178.X	中国水产科学研究院珠江水产研究所

（续）

序号	类型	成果名称	奖励等级／专利号	单位
14	发明专利	一种鲍肌肉萎缩症病毒的离子交换层析提取方法	ZL201510275189.X	中国水产科学研究院南海水产研究所
15	发明专利	鲍肌肉萎缩症病毒的氯化铯密度梯度离心提取方法	ZL201510275120.7	中国水产科学研究院南海水产研究所
16	发明专利	一种细胞膜定位信号肽及其编码序列和应用	ZL201510601249.2	中国水产科学研究院黄海水产研究所
17	发明专利	迟缓爱德华氏菌的检测试剂盒及其应用	ZL201610316398.9	中国科学院水生生物研究所
18	发明专利	一种锦鲤疱疹病毒Ⅲ型的检测试剂盒及其检测方法	CN201610863478.6	中国科学院水生生物研究所
19	发明专利	一种嗜水气单胞菌的检测试剂盒及其检测方法	CN201610860316.7	中国科学院水生生物研究所
20	发明专利	一种净化水质防治车轮虫、指环虫的水产类渔药及其应用	ZL201510646552.4	上海海洋大学
21	发明专利	用于快速检测Ⅱ型鲤疱疹病毒的RPA检测试剂盒	ZL201820176594.5	上海海洋大学
22	发明专利	银鲫鱼背鳍细胞系	ZL201510206829.1	上海海洋大学
23	发明专利	一构建方法种草金鱼腹鳍细胞系	ZL201510206830.4	上海海洋大学
24	发明专利	立达霉在草鱼体内的代谢物	ZL201610466420.8	上海海洋大学
25	发明专利	一种立达霉代谢产物12的合成方法	ZL201710242198.8	上海海洋大学
26	发明专利	一种立达霉代谢产物8的合成方法	ZL201710236315.X	上海海洋大学

（续）

序号	类型	成果名称	奖励等级／专利号	单位
27	发明专利	一种立达霉代谢产物16的合成方法	ZL201710243604.2	上海海洋大学
28	实用新型专利	用于快速检测罗非鱼湖病毒的RPA检测试剂盒	ZL201820947955.1	上海海洋大学
29	实用新型专利	用于快速检测 II 型鲤疱疹病毒的RPA检测试剂盒	ZL201820176594.5	上海海洋大学

图书在版编目（CIP）数据

2019中国水生动物卫生状况报告 ／ 农业农村部渔业
渔政管理局，全国水产技术推广总站，中国水产学会编
．—北京：中国农业出版社，2019.8
ISBN 978-7-109-25739-9

Ⅰ．①2… Ⅱ．①农… ②全… ③中… Ⅲ．①水生动
物－卫生管理－研究报告－中国－2019 Ⅳ．①S94

中国版本图书馆CIP数据核字(2019)第165202号

2019 ZHONGGUO SHUISHENG DONGWU WEISHENG ZHUANGKUANG BAOGAO

中国农业出版社出版
地址：北京市朝阳区麦子店街18号楼
邮编：100125
责任编辑：林珠英 黄向阳
版式设计：王 怡 责任校对：吴丽婷
印刷：中农印务有限公司
版次：2019年8月第1版
印次：2019年8月北京第1次印刷
发行：新华书店北京发行所
开本：889mm×1194mm 1/16
印张：7.25
字数：230千字
定价：88.00元